청소년 과학총서

교실 밖에서 배우는

재미난 화학 이야기

교실 밖에서 배우는
재미난 화학 이야기

찍은 날 : 2008년 4월 5일

펴낸 날 : 2008년 4월 10일

지은이 : 윤 실

펴낸이 : 손영일

펴낸 곳 : **전파과학사**

출판등록 : 1956. 7. 23 (제10-89호)

주소 : 120-824 서울 서대문구 연희2동 92-18

전화 : 02-333-8855 / 333-8877

팩스 : 02-333-8092

홈페이지 : www.s-wave.co.kr

전자우편 : chonpa2@hanmail.net

ISBN : 978-89-7044-263-1 43400

청소년 과학총서

교실 밖에서 배우는

재미난 화학 이야기

지은이 윤 실(이학박사)

전파과학사

머리말

생활 주변은 갖가지 의약, 농약, 비누, 화장품, 식품첨가물, 플라스틱 제품, 합성섬유, 페인트, 접착제, 폭약, 반도체, 자동차 연료 등 수백만 종류의 화학물질이 둘러싸고 있습니다. 오늘의 사람들은 이들 화학물질 덕분에 풍요롭고 편리한 생활을 합니다.

차와 비행기 제조의 재료이며 건축 자재로 사용되는 철과 알루미늄, 전기 제품을 만드는 구리와 은, 도금에 사용되는 금과 아연, 유리와 도자기와 반도체와 광섬유의 원료인 규소, 보석이 되는 암석들, 각종 방사성 물질과 원자력 연료인 우라늄 등은 너무나 중요한 물질입니다.

꽃밭에 떨어진 씨 하나가 움트면 무성하게 잎을 펼치고 아름답게 꽃을 피웁니다. 식물을 무럭무럭 자라게 한 것은 무엇이었을까요? 그것은 땅속의 물과 공기 중에 포함된 이산화탄소, 그리고 적은 양의 무기염류(미네랄)가 햇빛 에너지를 이용하여 영양분을 생산하는 탄소동화작용이라는 화학반응입니다. 우리 몸속에서는 온갖 물질이 만들어져 힘과 열이 되고 있습니다.

화학자들은 지구상에 존재하는 100여 가지 원소 몇 가지를 결합시켜 수백만 종류의 화학물질을 만들어 이용하도록 하고 있습니다. 우리는 화학물질의 세계에 살면서 그에 대한 상식은 부족합니다.

오늘날 화학공업은 하루가 다르게 발전하는 첨단 산업이며 미래 산업입니다. 화학물질은 종류에 따라 잘못 사용하면 사고가 일어나 생명까지 잃을 수 있습니다. 화학자가 아니더라도 현대생활과 관련된 올바른 화학 상식을 알고 있으면, 더욱 편리하고 지혜롭고 창조적인 삶을 갈아갈 것입니다.

이 책은 우리 생활과 밀접한 온갖 화학물질의 성질을 소개하고, 이들이 일으키는 화학반응에 대한 이야기를 문답식으로 알기 쉽게 소개합니다. 책을 읽어가는 동안, 독자들은 지금까지 어렵게만 생각하던 화학 공부가 재미있어지고, 이해하기도 쉬워질 것입니다. 읽는 도중에 어려운 부분이 있더라도 계속 읽어 가면 이해에 도움이 될 것입니다.

책의 내용은 첫 페이지부터 순서대로 읽지 않아도 좋습니다. 혹 모르는 용어가 나오거나 하면, 찾아보기에서 그 말이 나오는 다른 페이지를 열어 읽어보기 바랍니다. 이 책에 실린 160여 가지의 질문과 그 대답이 화학물질에 대한 독자들의 궁금증을 풀어주고, 화학이 재미난 과목이 되도록 해주는 안내서가 되었으면 좋겠습니다.

지은이 윤 실

차 례

제1장   주변의 중요한 화학 물질

제2장 생활 화학 이야기

제3장 음식물의 화학

제4장 인체와 동식물의 화학

제5장 석유와 플라스틱

제6장 기체와 액체의 성질과 변화

제7장 생활 주변의 금속과 세라믹

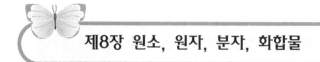

제8장 원소, 원자, 분자, 화합물

주변의 중요한 화학 물질

질문 1.

세제(비누)는 왜 빨래의 때를 잘 씻어낼 수 있습니까?

설탕이라든가 소금은 물에 잘 녹습니다. 그러나 기름기는 물에 녹지 않습니다. 기름종이에 물방울을 떨어뜨리면, 물방울은 동그랗게 되어 구르기만 합니다. 그래서 서로 사이가 나쁘면 '물과 기름 같다'라고 말하기도 하지요.

기름이 묻은 옷을 물에 넣으면, 물과 기름은 서로 붙지 않으므로 기름때를 씻을 수 없습니다. 그러므로 물과 기름이 서로 접촉할 수 있게 해야만 기름때를 씻어낼 수 있게 됩니다. 세제는 바로 이러한 역할을 합니다.

세탁용 비누(합성 세제)는 매우 많은 종류가 선전되고 있습니다. 그러나 세제들이 빨래를 씻는 원리는 모두 비슷합니다. 세탁 과정을 이해하려면 물의 표면장력에 대해 조금 알아야 하겠습니다. 수도꼭지에서 1방울씩 떨어지는 물방울이라든가, 풀잎 끝이나 거미줄에 매달린 물방울은 구슬처럼 동그랗습니다. 이것은 물의 분자들이 서로 끌어당기는 힘이 강하여 최소의 부피로 수축하여 뭉쳐진 때문입니다.

물(액체)을 그릇에 담으면 표면이 수평으로 됩니다. 이것 역시 물의 분자가 서로 끌어당긴 결과 표면적이 가장 좁게 된 때문인데, 그 결과로 물의 표면은 마치 얇은 막이 깔린 것 같은 힘을 갖게 됩니다. 이것을 표면장력이라 합니다. 수면에서 헤엄치고 다니며 사는 곤충이 물에 빠지지 않고 수상 스키를 탈 수 있는 것이라든가, 실험으로 물 위에 가만히 놓은 바늘

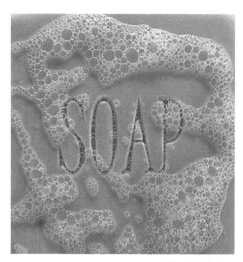

<사진 1> 비누는 물과 기름이 서로 접촉하게 하고, 기름의 성분을 분해하여 물에 씻겨 나가도록 합니다.

이나 면도날이 뜰 수 있는 것은 바로 표면장력 때문이지요.

맹물로는 아무리해도 비눗방울처럼 만들 수 없습니다. 그러나 물에 비누(또는 합성세제)를 타면 커다랗게 비눗방울을 만들 수 있게 됩니다. 이것은 비누가 물의 표면장력을 약하게 하는 작용을 하기 때문입니다. 이런 작용을 하는 물질을 화학적으로 '계면활성제'라 합니다.

물에 세제를 혼합하면, 표면장력이 아주 줄어들므로 기름때와 접촉하여 적실 수 있게 됩니다. 또한 세제 속에는 기름을 분해하는 성분이 포함되어 있습니다. 그러므로 물에 젖은 기름때는 세제에 분해되어 물에 씻겨 나오게 됩니다.

질문 2.

드라이클리닝에는 어떤 화학물질을 사용하나요?

짐승의 털로 만든 옷감이나 양탄자 등을 비누나 세제로 씻으면 본래의 형태가 변하고, 색이 탈색되거나 하여 옷을 버리게 됩니다. 가정에서도 잘못하여 털 스웨터를 세탁기에 넣고 돌린 후 꺼내보면, 아주 작은 옷으로 줄어들어 못 입게 되는 경우가 있습니다. 모직은 주성분이 단백질이기 때문에 세제와 같은 화학물질이나 열에 잘 변질된답니다. 그러므로 물세탁을 할 때는 어떤 성분으로 된 천인지 가려서 해야 합니다.

고급 양복지라든가 코트, 목도리 등은 반드시 물로 빨지 않고 드라이클리닝(건조세탁) 방법으로 세탁해야 하지요. 드라이클리닝 방법이 처음 알려진 때는 19세기 중반이었습니다. 그때는 휘발유라든가 등유, 시너, 벤젠, 톨루엔 등과 같은 휘발성과 인화성이 강한 물질을 사용했는데, 이런 물질은 기름을 녹이는 성질이 있기 때문에 세탁물을 넣고 휘저으면, 옷에 묻은 기름기

<사진 2> 일반 면직이나 합성섬유로 만든 옷은 물로 빨아도 좋으나 양모가 섞인 옷은 드라이클리닝을 해야 합니다.

나 때(주로 유기물)가 잘 씻어졌습니다.

그러나 초기에 사용하던 드라이클리닝 용제('솔벤트'라고 흔히 말함)들은 모두 화재의 위험이 많았습니다. 그 때문에 세탁소 주변에 사는 이웃은 늘 불안할 정도였습니다. 화재 위험이 적은 용제가 개발된 것은 1930년대였습니다. 이때 소개된 '테트라클로로에틸렌'(다른 이름 '퍼클로로에틸렌')이라는 용제는 화학적으로 안정하면서 일반 온도에서는 불타지도 않고, 세탁력도 아주 강합니다. 오늘날 이 용제는 간단히 '퍼크'라고 부르며, 세계의 모든 나라가 드라이클리닝 용제로 쓰고 있습니다.

드라이클리닝에 사용한 퍼크를 아무렇게나 버리면 토양과 수질을 오염시키므로, 세탁 후에는 거의 100% 회수하여 재사용토록 합니다. 또한 퍼크는 휘발성이 강하며, 호흡기로 많이 들이키면 어지럼, 두통, 의식 혼미 등을 일으키고, 간에도 악영향을 줍니다. 따라서 이것의 냄새는 맡지 않도록 해야 합니다. 퍼크를 포함하여 기름기를 녹일 수 있는 물질은 피부를 상하게 하므로 맨손으로 만지는 것도 피해야 합니다.

 질문 3.

종이는 어떻게 만드나요?

우리의 생활 주변을 둘러보면 신문지, 도서 용지, 벽지, 복사지, 포장지, 휴지 등 너무나 많은 종류의 종이가 있으며, 한 사람이 사용

<사진 3> 통나무를 잘게 쪼갠 것을 '칩'이라 하며, 칩을 분쇄한 뒤 약품을 처리하여 섬유질만 뽑아낸 것은 '펄프'라고 합니다.

하는 종이의 양도 많습니다. 종이를 만드는 제지산업은 20세기 이후 매우 큰 화학공업이 되었습니다.

종이를 발명하기 전 옛 사람들은 기록으로 남겨야 할 내용이 있으면 바위나 동물의 뼈, 나무의 표면을 긁어서 흔적을 남겼습니다. 동물의 가죽은 옷으로 만들어 입기도 했지만, 잘 펴서 그 표면

에 문자를 기록하기도 했지요. 약 4,300년 전에 이집트 사람들은 '파피루스'라는 수생식물의 줄기(섬유)를 이용하여 처음으로 종이를 만들었습니다. 한편 고대 중국에서는 약 3,500년 전에 오늘날과 비슷한 종이 만드는 법을 발명했다고 합니다.

지금은 대부분의 종이를 목재를 원료로 만들며, 일부는 짚이나 대나무, 넝마를 쓰기도 합니다. 재생지를 만들 때는 헌 신문지라든가 포장용 종이상자, 폐지, 심지어 중앙은행에서 버리는 헌 돈 따위도 사용합니다.

종이를 만들 때는, 먼저 큰 나무를 베어 작은 통나무로 만들고, 이것을 기계로 잔잔하게 쪼갠 다음 분쇄기로 잘게 부수고, 여기에 화학약품을 넣어 나무의 섬유가 하나하나 분리되도록 합니다. 종이를 확대경으로 보면 전부가 섬유라는 것을 알 수 있습니다. 이렇게 나무의 섬유만 뽑아낸 것을 '펄프'라고 합니다.

나무에서 금방 추출한 펄프는 노랗거나 갈색입니다. 그래서 펄프로 직접 종이를 만들면 포장상자나 포장지와 같은 갈색지가 됩니다. 신문지나 노트

와 같은 흰 종이로 만들 때는 탈색제를 넣어 표백해야 하고, 다시 물론 탈색제를 씻어냅니다. 그 다음에는 종이에 잉크가 잘 묻도록 약품을 처리합니다. 이렇게 가공한 섬유를 물에 펼치고, 마치 김을 한 장씩 물에서 떠내듯이 편편한 그물로 섬유만 건져 반듯하게 놓고 건조시키면 종이가 됩니다.

질문 4
고무는 어떤 물질인가요?

만일 운동장이나 마루에서 통통 잘 튀는 공이 없었더라면 축구, 농구, 배구, 테니스 등 소위 구기(球技)라고 부르는 운동이 생겨나지 않았을지 모릅니다. 고무로 만든 공은 언제나 일정한 정도로 잘 튀기 때문에 공을 쳐다보지 않고도 드리볼이 가능하잖아요.

만일 고무줄이 없다면 내복과 양말이 몸에 착 붙도록 조여 주는 밴드가 없을 뿐더러, 소녀들의 머리카락을 묶어주는 고무줄도 만들지 못할 것입니다. 그 뿐이 아닙니다. 자동차의 고무 타이어 대신 시끄러운 소리를 내며 둔하게 구르는 나무나 쇠 바퀴를 사용하고 있을지 모릅니다.

고무나무(학명 *Hervea brasiliensis*)는 원래 남아메리카 열대지방에 자라고 있었습니다. 멕시코 원주민들은 약 2,500년 전부터 고무로 만든 공을 가지고 놀았답니다. 남아메리카를 처음 탐험한 크리스토퍼 콜럼버스는 하이티라는 섬에서 원주민들이 가지고 노는 신기하게 잘 튀어 오르는 고무공을 처음 보고 아주 놀랐습니다. 그는 1493년에 약간의 고무를 구하여 유럽으로 가져와 사람들에게 보여주었습니다.

제2차 세계대전이 일어나기 전까지는 고무나무에서 추출한 천연의 고무만을 사용했습니다. 그러나 전쟁이 나면서 미국은 수백만 대의 트럭과 승용

<사진 4> 오늘날의 자동차 타이어는 모두 합성고무로 만듭니다.

차의 바퀴를 만들 고무가 다량 필요했습니다. 그러나 당시 고무의 원료는 주로 동남아시아 국가에서 재배하는 고무나무에서 구했는데, 전쟁 동안 이 지역은 모두 일본이 점령하고 있어 천연고무를 구할 길이 없어졌습니다.

이때 과학자들은 원유에 포함된 성분을 화학적으로 변화시켜 고무를 만드는 방법을 발명하게 되었습니다. 고무를 만들 때는 검은 탄소가루와 유황 성분을 섞어야 잘 변질되지 않고 단단한 고무가 됩니다. 자동차 타이어가 모두 검은색인 것은 탄소가루가 다량 포함된 때문이지요. 이런 고무로는 신기 편한 신발을 만들기도 합니다. 집안을 둘러보면 고무로 만든 물건들이 여기저기 보입니다.

고무장갑, 비옷, 장화, 고무신, 운동화 바닥, 호스.....!

질문 5.
고무는 왜 늘어났다가 줄어드는 탄성이 좋은가요?

고무는 원래 고무나무라고 흔히 부르는 나무의 줄기에 상처를 냈을 때 흘러나오는 하얀 수액('라텍스'라고 부름)에서 뽑아냈습니다. 고무나무의 끈끈한 수액을 건조시키면 탄성이 강한 고무가 되었지요. 이 고무는 본래의 크기보다 몇 갑절 늘어나도 처음의 크기로 돌아갑니다. 세상의 물질 중에 고무처럼 탄성이 좋은 것은 없습니다.

고무가 늘어날 수 있는 이유는 특수한 분자 구조에 있습니다만, 고무의

분자 구조를 설명하고 이해하기는 매우 어려우므로 간단히 설명합니다. 고무는 탄소와 수소로 이루어진 '이소프렌'이라 부르는 분자가 수없이 모인 물질입니다. 탄소와 수소 원자는 국수 가락을 꼬아둔 것 같은 긴 분자구조를 이루고 있지요. 고무를 잡아당기면 꼬여 있던 분자가 풀리면서 길어지고, 놓아주면 본래의 꼬인 상태로 돌아간답니다. 고무는 스프링과 달리 한 방향으로만 늘어나는 것이 아니라, 어느 쪽으로 잡아당겨도 늘어납니다. 아무리 질이 좋은 고무라도 어느 한계를 넘도록 잡아당기면 끊어집니다.

<사진. 5> 고무풍선이 늘어날 수 있는 것은 고무의 분자가 가진 탄성 때문입니다.

질문 6.
고무로 만든 지우개는 왜 연필 자국을 잘 지웁니까?

종이 위에 연필로 쓴 글씨를 지우려면 꼭 고무로 만든 지우개가 있어야 합니다. 고무지우개만큼 연필 자국을 잘 지우는 것은 없습니다. 고무를 영어로 러버(rubber)라고 하는데, 이 말은 러브(rub, 문질러 지운다)라는 영어에서 온 말입니다.

고무를 '러버'라고 이름을 지은 사람은 영국의 유명한 화학자 조셉 프리스틀리(1733~1804)입니다. 프리스틀리는 산소라는 기체가 존재한다는 사실

<사진 6> 연필꼭지의 지우개는 다소 단단하게 만듭니다. 부드러우면 잘 부서지거나 닳아버리고 맙니다.

을 처음 발견한 과학자이지요. 프리스틀리는 1770년 고무로 연필자국을 문지르면 잘 지워진다는 사실을 발견하고, 러버라고 불렀습니다. 이후부터 고무의 영어는 러버가 되었습니다. 우리말이 된 '고무'는 프랑스어 고므(gomme)에서 온 말입니다.

연필꼭지에 달린 지우개는 조금 단단하지만, 그림 그릴 때 사용하는 미술용 지우개는 부드럽고, 연필 자국을 훨씬 잘 지웁니다. 이런 지우개는 고무에 비닐과 플라스틱, 추잉검 비슷한 물질 등을 섞은 것입니다.

고무는 문지를 때 연필 자국인 흑연의 가루를 잘 흡착하여 함께 뭉개져 떨어져 나옵니다. 고무가 질기면 종이가 찢어지기 쉽고, 잘 지워지지 않습니다. 그러나 부드럽게 만든 고무는 잘 닳아버리지만 지우는 작용을 잘 합니다.

질문 7.

향수는 어떤 물질로 만들고 있습니까?

옛 사람들은 좋은 냄새를 가진 나무를 불태워 향기를 만들었습니다. 연필을 깎으면 매우 향긋한 향나무 냄새가 납니다. 이런 향은 지금도 절이나 성당에서, 그리고 제사를 지낼 때 사용하고 있습니다. 향을 피운 것은 좋은 향기가 신에게까지 도달하기를 기원한 것이라고 생각됩니다. 옛 이집트의 클레오파트라 여왕은 그녀가 탄 배에 흰 백합을 가득 실어, 강변의 사람들이 멀리서도 향기로운 냄새를 맡도록 했다고 합니다.

<사진 7> 많은 식물은 곤충을 유혹할 향기를 냅니다. 향수 연구자들은 식물에서 나오는 향료를 뽑아내거나, 인공적으로 합성하여 향수를 만듭니다.

오늘날의 향수는 주로 식물에서 자연 향을 뽑아내거나, 화학적으로 합성하거나, 두 가지를 적절히 배합하거나 하여 만들고 있습니다. 재스민, 장미, 백합, 난, 계피, 박하나무 등의 식물은 강열하게 향기가 나는 기름 성분을 가지고 있습니다. 사과, 바나나, 레몬 같은 과일과 코코아 열매, 허브라고 부르는 식물의 잎, 인삼의 뿌리 등은 사람들이 좋아하는 향을 가지고 있습니다.

이런 향료는 식물체를 증기로 찌거나, 화학적인 용제(다른 물질을 녹이는 물질)를 사용하거나, 또는 복잡한 화학반응을 거쳐 뽑아냅니다. 향수에는 향유고래나 사향사슴 등 동물의 좋은 냄새를 추출하여 넣기도 합니다. 또한 오늘날에는 실험실에서 화학적인 방법으로 여러 가지 향수를 만들고 있습니다.

질문 8.

화재 진압에 사용하는 소화기에는 어떤 물질이 들어 있어 불을 끄나요?

소화기는 여러 종류입니다. 화재도 나무나 종이가 타는 화재, 휘발유 화재, 전기 화재 등 여러 가지입니다. 화재의 종류와 정도에 따라 사용하는 소화기의 종류와 크기는 다릅니다. 불을 끄려면 물을 뿌리거나, 산소를 차단하여 연소가 일어나지 않게 하는 거품이나 가루를 뿌리거나, 이산화탄소를 뿜어내거나, 젖은 물질이 화재 현장을 뒤덮도록 하는 방법 등이 있습니다.

일반적으로 가정이나 사무실 등에서 응급용으로 사용하는 붉은색의 소형 고압 탱크 소화기는 이산화탄소가 한꺼번에 뿜어 나와 주변의 산소를 내쫓아 불을 끄도록 만든 것입니다. 이산화탄소 소화기는 1923년에 헝가리의 코르넬 스찔바이가 발명했습니다. 소화기 내부에는 탄산수소나트륨과 황산이 들어 있습니다. 두 가지 물질은 따로 보존되어 있으며, 사용 시에 핀을 뽑고 손잡이를 당기면, 그때 두 물질이 섞이면서 화학반응을 일으켜 대량의 이산화탄소를 뿜어냅니다.

가정용 소화기는 종이나 나무, 천 등의 화재가 났을 때 초기에 진압하는 데 편리한 소화기입니다. 휘발유나 가스 화재에는 이산화탄소 소화기로 불을 끄기 어려울 수 있습니다. 일반 소화기의 사용 방법은 다음과 같습니다.

1. 안전핀을 뽑습니다.

2. 불꽃으로부터 2~3m 떨어진 안전한 위치에서 이산화탄소를 뿜어낼 깔때기 모양의 노즐을 잡고 불꽃 쪽으로 향합니다.

3. 손잡이를 당겨 조입니다.

4. 이때 두 물질이 화합하여 이산화탄소 가스가 뿜어 나옵니다. 소화기는 10~25초 동안 분사되므로, 그 사이에 효과적으로 뿜어 끄도록 합니다.

<사진 8> 비행기는 특수한 고성능 소화기를 몇 가지 준비하고 있습니다.

질문 9.

누에고치에서 뽑는 명주는 왜 질기고 따뜻한 옷감이 될 수 있나요?

나방 종류는 알이 부화되어 애벌레 시대를 지내면 번데기가 됩니다. 번데기로 변할 때는 거미줄 같은 실을 내어 <사진 9>와 같은 고치를 짓고, 그 속에서 어른벌레로 자랍니다. 누에나방은 특히 커다란 고치를 만듭니다. 약 5,000년 전부터 중국의 왕실에서는 누에나방의 고치에서 가늘고 흰 실을 풀어내어 여러 가닥을 꼬아 명주실을 만들고, 그 실로 천을 짜서 옷을 만들었습니다.

누에나방의 학명은 *Bombys mori*이며, 마치 소나 개가 가축화되듯이, 사람이 돌보아야만 살아갈 수 있도록 가축화된 곤충이랍니다. 꿀벌도 가축화된 곤충의 하나이지요. 그래서 누에나방은 자연 속에서는 스스로 살아가지 못하고 반드시 사람 손으로 키워야만 한답니다.

로마와 그리스 사람들은 중국의 비단에 대해 알게 되자 중국으로부터 수입하여 유럽까지 운반해왔습니다. '실크로드'라는 것은 바로 중국의 비단을 육로로 운반하던 중국 대륙에서 유럽으로 가는 길이지요.

유럽과 중동의 나라에서는 명주실 짜는 방법을 알고 싶어 했으나 중국 왕실에서는 비밀로 하여 가르쳐주지 않았습니다. 그래서 중국에는 명주실이 나오는 명주나무가 있는 것으로 생각했습니다. 중국 왕실의 비밀은 무려 3,500년 동안이나 지켜졌습니다. 서기 552년, 중국에서 승려로 살던 두 페르시아(지금의 이란) 사람이 누에나방의 알과 누에가 먹는 뽕나무 씨를 대나무 통에 숨겨 갔습니다. 당시 누에알과 뽕나무 씨를 훔치는 것은 큰 범죄였습니다. 명주실을 생산하는 방법이 세계적으로 퍼진 때는 그로부터 약 500년이 더 지난 뒤였습니다.

명주를 만드는 방법이 우리나라에 알려진 때는 약 2,100년 전이었습니다. 이와 비슷한 사건은 문익점 선생이 1363년(고려 공민왕 때) 목화씨를 중국에서 가져나올 때도 있었지요.

누에 애벌레가 몸에서 만들어내는 실은 '세리신'이라는 단백질의 일종입니다. 세리신은 굵기가 1,000분의 10mm 정도로 가늘고, 1개의 고치에는 약 300~900m의 실이 감겨 있답니다. 이런 가는 실을 5~10가닥 꼬아 1가닥의 굵은 실로 만들고, 이것을 다시 여러 가닥 꼬아 더 굵은 실을 만듭니다. 명주실은 자연의 섬유 중에서 가장 질긴데다, 가볍고 감촉이 부드러우며 보온성이 좋답니다.

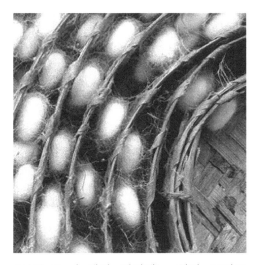

<사진 9> 누에의 애벌레는 하얀 고치를 만들어 그 속에서 번데기가 됩니다. 성충이 되기 전에 물에 삶으면 번데기는 죽고, 실은 잘 풀어지게 됩니다. 번데기는 단백질 식품으로 이용됩니다.

질문 10.
거미줄의 성분은 무엇이기에 비를 맞아도 상하지 않나요?

거미가 먹이를 잡기 위해 뽑아내는 거미줄은 많은 놀라움과 자랑을 가진 물질입니다. 우선 거미줄은 매우 가느다랗지만 커다란 곤충이 걸려도 끊어지지 않는 강인함과, 꼼짝없이 들어붙는 강력한 접착력을 가지고 있으며, 탄성이 아주 크고, 비를 맞아도 세균에 의해 잘 상하지도 않습니다. 거미줄은 생물학적으로 신비스럽지만 화학적으로도 많은 수수께끼를 가지고 있습니다.

거미는 종류가 매우 많으며, 그 종류에 따라 거미줄의 성분이라든가, 거미줄을 치는 방법, 살아가는 방법 등이 다양합니다. 거미의 꽁무니에는 여러 개의 거미줄 샘이 있는데, 종류에 따라 샘의 수가 다르고, 각 샘에서 나오는 거미줄의 성분에 차이가 있습니다. 어떤 거미는 7종류의 각기 다른 성분의 거미줄을 내고 있답니다. 거미줄의 성분은 일종의 단백질인데, 그것이 만들어지는 과정이라든가 정확한 성분 등에 대해서는 아직 알려지지 않은 부분도 있답니다.

아침 햇살에 반짝이는 거미줄은 눈에 잘 보입니다. 그러나 그늘진 곳에서는 거미줄이 눈에 거의 보이지 않습니다. 사실 사람의 눈은 1,000분의 25mm보다 가느다란 것은 볼 수 없습니다. 거미줄의 두께는 평균 1,000분의 0.15mm이고 아주 가는 것은 1,000분의 0.02mm입니다. 그럼에도 불구하고 거미줄이 보이는 것은, 거미줄이 빛을 반사하기 때문이며, 거미줄에 먼지 등이 묻어 있기 때문입니다. 거미줄은 눈에 보이지 않을 정도로 가늘지만 벌이 최고속도로 날아가다가도 걸려들면 끊어지지 않고 붙어버립니다.

거미줄은 매우 탄성이 큽니다. 강풍이 불면 거미줄이 걸친 나뭇가지가 흔들림에 따라 거미줄도 늘어났다 줄어들었다 합니다. 그래도 거미줄은 탄성이 고무줄 같아 잘 늘어나고 다시 오그라듭니다.

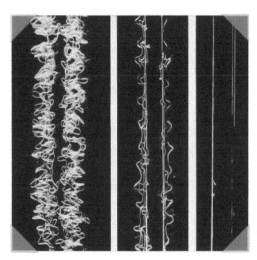

<사진 10> 거미줄은 왼쪽 사진처럼 잔뜩 꼬여 있습니다. 잡아당기면 오른쪽 사진처럼 늘어나다가 더 당기면 끊어집니다.

거미줄은 비를 맞거나, 시간이 지나면 세균이나 곰팡이에 의해 파괴되어야 할 것입니다. 그러나 한번 쳐둔 거미줄은 며칠이 지나고, 도중에 비를 맞아도 그대로 남아있습니다. 그 이유는 거미줄에 포함된 파이로리딘, 인산수소칼륨, 질산칼륨 이 3가지 화학 성분 때문입니다. 파이로리딘은 수분을 흡수하는 성질이 있어 거미줄이 건조하여 끊어지거나 탄성을 잃는 것을 막아주고, 인산수소칼슘과 질산칼슘은 산성 물질이어서 세균이나 곰팡이가 번식하지 못하게 하는 동시에, 거미줄이 물에 녹아 풀어지는 것을 막아주기도 합니다. 과학자들에게는 지금까지 알아내지 못한 거미줄 화학공장의 신비가 매우 궁금하답니다.

질문 11.
옷이나 가죽, 또는 종이를 물들이는 색소는 어떤 물질입니까?

붉은 양배추의 잎이나 딸기와 수박, 붉은 장미의 잎에는 빨간 색소가 포함되어 있고, '치자'라는 식물의 열매는 노란색 색소를, 가지는 진한 보라색 색소를 가졌으며, 잎에는 엽록소를 만드는 녹색 색소가 들었습니다. 옛 사람들은 음식이라든가 천, 동물의 가죽 등을 자연에서 뽑아낸 색소들로 염색했습니다. 그러나 식물에서 얻을 수 있는 색소는 종류가 많지 않고 대량 얻기가 쉽지 않았으므로, 우리의 선조들은 염색하지 않은 흰 무명옷을 오래도록 입어왔지요.

화학공부를 좋아했던 영국의 윌리엄 헨리 퍼킨(1838~1907)은 17세 때부터 자기 집에 실험실을 차리고 화학반응 실험을 했습니다. 1856년에 그는 아닐린이라는 물질과 중크롬산칼륨을 혼합했을 때 자주색 물질이 생겨나는 것을 발견했습니다. 그는 이 물질을 인공적인 염료로 사용할 수 있을 것이

<사진 11> 과일에는 제각기 독특한 색을
내는 색소가 포함되어 있습니다.

라고 생각하여, 특허를 얻은 뒤, '아닐린 퍼
플'이라는 이름으로 시장에 내놓았습니다.

아닐린 퍼플은 인공적으로 만든 최초의 합
성염료였으며, 천연색소보다 훨씬 아름다운
보라색으로 천을 물들였습니다. 그는 가족의
도움을 받아 이 색소를 직접 생산하는 회사를
설립하여 23세에 국제적으로 유명한 염료계의
왕자가 되었습니다. 그는 훗날 바나나 향기가

나는 물질도 합성하였지요.

퍼킨이 처음으로 합성 색소를 만든 이후, 수많은 화학자들이 수백 수천
가지 인공색소를 개발했습니다. 오늘날 옷감을 비롯하여 가죽, 플라스틱 제
품, 페인트, 식품, 그림물감, 잉크, 머리카락 염색약, 색종이, 컬러 프린터의
잉크 등을 만드는 색소는 거의 모두 인공적으로 합성한 것입니다. 여성들은
입술에 붉은 색소가 든 립스틱 화장품을 바르기도 하지요.

이러한 색소들은 염색이 잘 되는 동시에, 쉽게 탈색하거나 씻겨나가지 않
아야 하고, 인체에 해가 없어야 합니다. 색소를 연구하는 '색소 화학자'들의
공헌으로 오늘날과 같은 다채로운 색의 세계가 탄생하게 되었습니다. 합성
색소는 지금도 끊임없이 새로운 것이 개발되어 나오고 있습니다.

 질문 12.
접착제는 왜 다른 물건과 잘 부착합니까?

 옛 사람들은 자연계에서 여러 가지 풀을 발견하여 물건들을 서로
붙이는데 이용해왔습니다. 밥알로 종이를 붙이면 아주 단단히 붙습
니다. 솔방울이나 잣나무 열매를 만지면 송진이 끈끈하게 붙어 떨

어지지 않습니다. 우리 선조들은 쌀이나 밀가루(전분)를 끓여 만든 풀로 문종이를 붙이고, 책을 제본하기도 했습니다. 과거에는 이처럼 곡식이나 식물의 수액, 뼈나 가죽을 고은 아교, 해초를 다려 뽑은 물질 등을 풀로 사용했습니다. 제2차 세계대전 때는 계란의 흰자('알부민'이라는 단백질 성분)가 훌륭한 풀이 된다는 것을 알고, 비행기 동체를 단단히 붙이는데 쓰기도 했습니다.

오늘날에는 수천 가지 풀(접착제)을 화학적으로 합성하여 만들고 있습니다. 우표나 봉투에도 접착제가 발려 있고, '포스트잇'이라는 접착 메모지는 여기저기 옮겨 붙일 수 있는 발명품이기도 합니다. 반창고, 접착 광고 스티커, 파리를 잡는 끈끈이 풀, 고무를 접착하는 본드, 타일을 벽에 붙이는 접착제, 유리든 쇠든 무엇이나 잠간 사이에 단단히 붙이는 초강력 접착제도 있습니다. 외과수술실에서는 실로 꿰매야 할 상처 부분을 특수한 순간접착제로 붙여버리기도 한답니다. 오늘날의 인공접착제는 과거의 자연 접착제보다 강력하게 붙고, 물이나 화학약품에 잘 견딥니다.

순간접착제를 잘못 만져 손가락이 붙거나, 심지어 눈꺼풀이 붙어 응급실을 찾는 사람이 있습니다. 이 순간접착제는 습기를 좋아하므로 습기를 머금은 피부와 매우 단단히 접착합니다. 그러므로 위험한 접착제를 만질 때는 보안경을 착용해야 하고, 장갑을 끼고 작업합니다. 자연산의 풀은 따뜻한 물에 들어가면 대개 녹지만, 인공접착제는 녹지 않도록 만들고 있습니다.

<사진 12> 벌레잡이 식물은 끈끈한 수액을 분비합니다. 벌레가 붙으면 단백질 분해효소를 분비하여 영양분을 섭취합니다.

질문 13.
순간접착제는 성분이 무엇이며, 어떻게 빨리 굳어지나요?

플라스틱 모형을 조립할 때 우리는 '시메다인'이라는 상품명으로 판매하는 접착제를 많이 사용합니다. 시메다인은 플라스틱끼리 잘 붙이며, 물이라든가 화공약품에 강한 성질이 있습니다. 시메다인으로 서로 잘 붙지 않는 물질이 있습니다. 이럴 때 순간접착제를 사용하면 성공할 가능성이 높습니다.

잘못 만져 손가락에 묻으면, 손가락이 붙어 떨어지지 않아 고통스럽게 하는 순간접착제의 성분은 '시아노아크릴레이트'라는 화합물입니다. 이 물질은 공기 중의 수분과 반응하여 빨리 굳어지는 성질을 가졌습니다. 순간접착제는 접착력이 어찌나 강한지, 명함 1장 크기의 접착 면적으로 12톤 트럭을 끌고 갈 수 있을 정도입니다.

수술 자리를 봉합하는데 쓰는 순간접착제도 이 물질에 속하는 것이랍니다. 순간접착제는 금속이나 도자기, 유리, 플라스틱 등을 붙이는 데는 적당하지만, 섬유나 목재처럼 틈새가 많은 물체를 접착하는 데는 부적당합니다.

오늘날 접착제의 종류와 사용 양은 날로 늘어납니다. 예를 들면 자동차나 비행기를 조립할 때도 특수한 접착제를 쓰는데, 그렇게 하면 용접하거나 리벳(나사못 종류)으로 결합하는 것보다 비행기 무게를 많이 줄일 수 있습니다. 이 접착제는 가볍기도 하지만, 비행기가 심하게 진동해도 떨어지지 않는답니다.

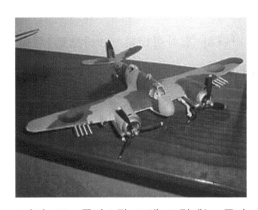

<사진 13> 플라스틱 모델 조립에는 플라스틱끼리 잘 붙는 시메다인이라는 접착제가 잘 사용됩니다.

질문 14.
가끔 사회적 말썽이 되는 본드는 어떤 접착제입니까?

'본드'라고 부르는 끈끈한 접착제는 가정과 목공 작업에서 많이 사용합니다. 본드는 합성수지와 천연 고무 등을 아세톤이나 톨루엔 같은 용제에 녹인 것입니다. 이 접착제를 사용할 때는 접착할 부분에 물기나 먼지가 없도록 한 후 접착제를 칠하는데, 곧바로 붙이기보다 3~4분 동안 그대로 두어 용제가 약간 증발한 후에 붙입니다. 접착 후에는 눌러서 움직이지 않도록 한 상태로 하루 이틀 두어야 확실하게 붙습니다.

본드는 천이나 가죽, 고무, 목재, 종이, 판지는 물론이고 금속이나 플라스틱도 잘 붙입니다. 특히 이것은 천이나 가죽, 고무제품 등 부드럽게 휘어지는 물체를 접착하는데 적합합니다. 왜냐하면 이 접착제는 늘어났다가도 본래 형태로 되돌아가는 큰 탄성을 가지고 있어, 굳어져도 딱딱해지지 않고 부드러운 성질을 가지기 때문입니다. 만일 신발 밑창을 접착제로 붙였을 때, 마르고 난 뒤 그 부분이 딱딱해진다면 자연스럽게 휘어지지 않아 곧 떨어지거나, 뻣뻣하여 걷기 불편한 신발이 될 것입니다.

본드가 가끔 사회 문제가 되는 것은, 본드 속에 포함된 용제(톨루엔이나 아세톤 또는 메틸에틸케톤 같은 물질)를 흡입했을 때 정신이 혼미해지는 환각 증세가 나타나기 때문입니다. 이런 위험 때문에 청소년에게는 본드를 팔지 않도록 하고 있습니다.

질문 15.

셀로판테이프에는 어떤 접착제가 발려 있습니까?

오늘날 사용하는 모든 접착제는 화학공업의 발달이 발명한 매우 중요한 물건이지요. '스카치테이프'라는 이름으로 사용하는 셀로판테이프는 셀로판 뒷면에 투명한 접착제가 발려 있어, 종이라든가 사진 등을 붙이는 데 편리합니다.

셀로판테이프에 칠해져 있는 접착제는 천연 고무와 '테르펜 수지'라는 화학물질이 주성분입니다. 셀로판테이프는 사용하기 편리하도록 일정한 폭(일반적으로 12mm)으로 둥글게 감은 것(롤)을 팔고 있습니다. 롤 형태로 감아두려면 앞뒷면이 서로 붙으면 안 되기 때문에, 테이프의 뒷면에는 접착제가 작용하지 않는 물질을 발라두었습니다.

질이 좋은 셀로판테이프는 접착력도 좋아야 하지만, 오랜 시간이 지나도 접착력이 변하지 않아야 합니다. 셀로판테이프 중에는 양면에 접착제를 바른 것도 있습니다. 롤 형태의 접착테이프는 셀로판테이프만 아니라 종이테이프라든가, 전깃줄을 싸는데 사용하는 전선테이프 종류도 여러 가지 있습니다.

질문 16.

눈이 많이 내리면 길에 왜 염화칼슘을 뿌리나요?

흐린 날, 접시에 소금을 담아두면 점점 축축해지다가 나중에는 완전히 물에 젖은 상태가 됩니다. 이와 같이 고체가 공기 중의 습기를 흡수하여 액체 상태로 변하는 것을 '조해'(潮解)라고 합니다.

소금만 아니라 수산화나트륨과 염화칼슘($CaCl_2$)도 물에 잘 녹으면서 습기를 쉽게 빨아들이는 조해 성질이 강한 고체입니다. 눈이 많이 내렸을 때 길에 염화칼슘을 뿌리면, 그 자리의 눈은 훨씬 빨리 녹아 질펀해집니다. 그리고 염화칼슘이 녹아 있는 물은 기온이 영하 50도 가까이 내려가도 좀처럼 얼지 않습니다. 이것은 물에 다른 물질이 녹아 있으면 어는 온도가 0도 보다 훨씬 내려가기 때문입니다. 소금물이 잘 얼지 않는 이유도 마찬가지입니다.

여름에 옷장 안이 눅눅해지는 것을 방지하기 위해 넣은 흰 가루로 된 제습제의 성분도 염화칼슘입니다. 염화칼슘은 액체 상태가 되어도 계속 수분을 흡수합니다. 자그마치 자신의 무게보다 50배 이상의 물을 빨아들인답니다. 염화칼슘을 뿌린 도로는 주변의 땅은 말라 있어도 한동안 젖은 상태로 있습니다. 이것은 땅에 남은 염화칼슘이 공기 중의 습기를 흡수하기 때문입니다.

염화칼슘은 소금(염화나트륨)에 비해 값이 조금 더 비쌉니다. 그러나 소금보다 눈을 잘 녹이기 때문에 더 많이 사용합니다. 염화칼슘은 자동차의 몸체나 철근 등에 묻으면 철과 화합하여 부식시키는 성질이 있으므로 함부로 많이 사용하지는 않습니다. 또 염화칼슘이 많이 녹아 냇물이나 강물에 흘러들면 오염을 일으키겠지만, 별다른 피해가 없는 것으로 알려져 있습니다.

〈사진 16〉 길에 염화칼슘을 뿌려두면 주변의 물을 흡수하는 조해작용이 일어나므로, 눈이 빨리 녹게 됩니다.

질문 17.
알루미늄 은박지(쿠킹 포일)는 왜 쉽게 찢어지지 않나요?

김밥과 같은 음식을 싸거나 생선을 구울 때 등 부엌에서 많이 사용하는 알루미늄 포일은 말 그대로 알루미늄으로 만들었습니다. 알루미늄 포일이 나오기 전인 19세기 말부터 20세기 초까지는 아연으로 만든 은박지를 사용했습니다만, 1910년에 스위스에서 알루미늄 포일이 처음 개발되어 오늘에 이르고 있습니다. 알루미늄 포일은 아연 포일보다 부드러워 음식을 더 밀착하여 쌀 수 있지요.

알루미늄 포일의 주원료인 알루미늄은 산소, 규소 다음으로 지구상에서 쉽게 구할 수 있는 풍부한 물질입니다. 알루미늄은 물보다 2.7배 정도 무겁지만, 쇠에 비하면 3분의 1 정도로 가볍습니다.

알루미늄 포일의 알루미늄 두께는 0.025mm를 넘지 않습니다. 더 이상 얇으면 작은 구멍이 생기기 쉽습니다. 잘 찢어지지 않는 것은 알루미늄 포일 양면을 매우 얇은 비닐로 덮어 쌌기 때문입니다. 어떤 것은 비닐 대신 종이를 붙인 것도 있습니다. 알루미늄 포일은 빛, 공기, 물, 냄새, 세균 아무것도 통과하지 못합니다. 알루미늄 포일은 빛과 열을 잘 반사하기 때문에 방열판으로도 사용합니다. 알루미늄 포일은 한 면이 더 반짝이는 듯이 보이는데, 이것은 제조 과정에 자연히 형성되는 형태이며, 요리할 때 어느 쪽으로 음식을 싸더라도 빨리 익거나 식는 결과는 마찬가지입니다.

<사진 17> 부드럽게 잘 접히는 알루미늄 포일을 이용하여 개의 모자를 만들었습니다.

질문 18.

카메라 필름에는 어떤 물질이 입혀 있어 영상을 기록할 수 있습니까?

독자들은 종이에 연필로 그림을 그립니다. 그런데 사진은 필름(또는 인화지)에 빛으로 그림을 그리지요. 그래서 영어로 사진을 '포토그래프'라고 하는데, 포토는 빛이라는 듯이고 그래프는 그림이라는 의미입니다.

카메라의 필름에는 빛에 민감하게 반응하는 은을 포함한 화학물질(감광물질)이 칠해져 있습니다. 이 감광물질은 빛에 어찌나 민감한지 1,000분의 1초만 빛이 쪼여도 화학변화가 일어납니다. 카메라의 렌즈로 들어온 빛은 셔트가 열리고 닫히는 속도를 조정하여 원하는 양만큼의 빛이 필름에 도달하도록 합니다.

카메라 앞의 물체(피사체)는 각 부분마다 빛을 반사하는 색(파장)과 그 정도(광량)가 다릅니다. 필름에 발린 감광물질은 렌즈를 통해 들어온 빛의 파장과 광량에 따라 반응이 다르게 일어납니다. 이를 '감광'(感光)이라 합니다.

이렇게 감광된 필름을 현상액에 넣으면, 빛을 많이 받은 부분은 감광물질이 필름에 남아 있고, 빛을 받지 못한 자리의 감광물질은 씻겨나가 투명하게 필름만 남게 됩니다. 그러므로

<사진 18> 카메라의 필름에는 은이 발려 있어, 현상액에 넣었을 때 빛이 비친 정도에 따라 은이 씻겨나가게 됩니다. 그 결과 필름에는 반대되는 상(음화)이 나타납니다. 음화 필름을 확대기에 장치하고 인화지 위에 비추면 바른 상(양화)이 나타납니다.

필름에서 투명하게 보이는 부분은 실제 상은 어두운 자리입니다. 이렇게 명암이 반대로 나타나는 필름을 '음화'(陰畵) 또는 '네거티브' 필름이라 하지요.

카메라로부터 촬영된 필름을 꺼낼 때, 완전히 되돌려 감지 않고 실수로 뚜껑을 그냥 열어버리면, 빛이 들어가 애써 촬영한 필름은 못쓰게 됩니다. 촬영한 필름은 암실에 들어가 현상액에 넣어 현상한 뒤, 확대기에 장치합니다. 확대기는 필름에 기록된 영상을 렌즈를 통해 확대된 상으로 인화지에 비출 수 있도록 만든 장치입니다. 필름과 비슷한 감광물질이 처리된 인화지에 필름의 영상을 비추면, 이번에는 인화지에 필름과는 반대되는 올바른 상이 맺히게 됩니다.

병원에서 가슴을 촬영한 엑스레이 사진을 보면, 빛이 투과하기 어려운 뼈는 투명하게 보입니다. 이것은 엑스레이 필름이 음화이기 때문입니다.

질문 19.
건축 재료로 사용하는 석면(石綿)은 어떤 물질이며, 왜 인체에 위험하나요?

솜을 가지런하게 뭉쳐둔 것 같은 암석이 있다고 하면 잘 믿어지지 않습니다. 암석 종류 중에 사문암(蛇紋巖)과 각섬석(角閃石) 따위는 바늘 모양으로 긴 결정을 이루고 있습니다. 이런 암석을 깨뜨리면 마치 솜처럼 가느다란 모양을 가지고 있기 대문에 '석면'(돌로 된 면)이라 부릅니다. 이 석면의 주성분은 산화규소, 철, 칼슘, 마그네슘 등입니다. 석면이 많이 생산되는 나라는 러시아, 중국, 카자흐스탄 등입니다.

석면은 솜처럼 되어 있어 주변에 공간이 많기 때문에 소리를 잘 흡수하고, 보온작용이 아주 뛰어납니다. 그리고 불타지도 않고, 전기를 통하지 않

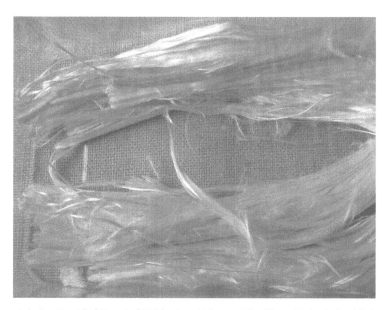

<사진 19> 석면은 가지런한 솜 다발 모양을 하고 있습니다. 석면은 열의 전도를 잘 막아주고 방음 효과도 크며, 화재에도 강하기 때문에 건축물의 벽이나 천정 재료로 많이 사용해 왔습니다.

으며, 화학적으로도 잘 변하지 않으면서 강인합니다. 그래서 오래 전부터 석면은 집을 지을 때 벽이나 천정, 지붕의 재료로 많이 사용해 왔습니다. 석면은 천의 형태로 얽어 사용하기도 합니다.

그러나 석면이 부서져서 생긴 미세한 가루는 먼지처럼 날리기 때문에 호흡기로 들어가기 쉽습니다. 석면을 만지거나 가

공하는 사람들은 석면 가루를 다량 마신 탓으로 암이 발생하거나 '석면폐증'이라는 치명적인 호흡기병이 발생하기 쉽습니다. 그래서 오늘날에는 석면이 편리한 물질이기는 하지만 사용을 제한하고 있습니다.

질문 20.
표백제는 어떻게 색깔을 지울 수 있습니까?

가정에서 사용하는 표백제는 락스, 옥시크린, 팍스, 브라이트 등의 상품명을 가지고 있습니다. 이런 표백제(탈색제)의 성분은 모두 하이포염소산($NaClO$)을 물에 녹인 수용액이랍니다. 하이포염소산(차아염소산나트륨이라고도 함)에서는 산소 원자가 분리되어 나와 색소와 화합하

여 산화반응을 일으킵니다. 색소 물질의 화학 성분이 변하면 색을 잃어버리는 탈색 현상이 나타납니다. 차아염소산나트륨은 살균소독제 역할도 합니다. 만일 이런 표백제로 은수저를 닦는다면 염소 성분과 은이 화학반응을 일으켜 검게 변색됩니다(질문 46 참조).

표백제와 비슷한 성질을 가진 것에 과산화수소(H_2O_2)가 있습니다. 과산화수소는 물과 성분이 같지만 산소 원자를 하나 더 가지고 있지요. 과산화수소는 산소 원자를 방출하여 강력하게 산화 반응을 일으키는 성질이 있어, 이 물질이 묻은 종이는 금방 누렇게 변할 정도입니다. 또한 이 산소는 세균의 몸에 화학변화가 일어나게 하여 죽게 만들기도 합니다.

과산화수소 원액은 아주 위험합니다. 약국에서 소독약으로 파는 과산화수소는 1~3% 정도로 물에 희석한 용액입니다. 이 정도이면 인체에 안전하게 살균작용을 하고, 탈색 작용도 할 수 있습니다.

질문 21.
수돗물이나 풀장에서 풍기는 소독약 냄새의 정체는 무엇입니까?

수돗물을 그대로 받아 마시면 소독약 냄새가 풍깁니다. 이 냄새는 풀장에서도 맡을 수 있습니다. 수돗물에서 나는 소독약 냄새는 '염소'(Cl)라는 물질(기체)에서 나오는 것입니다. 염소는 인체에 위험한 물질이지만, 수돗물에 포함된 염소는 세균은 죽이지만 인체에는 전혀 해가 없을 정도로 소량입니다.

수돗물 속의 세균을 죽이기 위해 수원지 정수장에서는 하이포염소산(NaClO, 질문 20 참조)을 소량 혼합합니다. 그러면 이 물질 중의 산소는 세균을 죽이고, 이때 염소 가스(Cl)가 발생하여 집안의 수도꼭지까지 옵니다.

<사진 21> 풀장의 물에서 나는 소독약 냄새는 하이포염소산에서 나오는 염소 가스의 냄새입니다.

물에서 염소 냄새가 느껴진다면 그 물은 살균된 식수라고 생각할 수 있습니다.

요즘 많은 가정에서는 약수나 생수 또는 정수기 물을 먹기 때문에 소독약 냄새나 나면 싫어합니다. 그래서 정수장에서는 살균 효과를 유지하면서 최소한의 냄새가 나도록 노력하고 있습니다. 수돗물의 소독약 냄새가 나쁘면, 물을 받아 하루 정도 두면 모두 날아가 버립니다. 금붕어를 키울 때 수돗물을 그대로 넣어주면 붕어가 죽기도 하는데, 하루 정도 받아둔 물을 사용하면 안전합니다.

실내 풀장에서 매일 수영하는 사람은 머리카락 색이 탈색되어 갈색으로 변하기도 하는데, 이것은 소독약에서 나온 산소의 산화작용으로 머리카락 속의 멜라닌 색소가 탈색된 때문입니다.

질문 22.

안경을 닦는 작은 수건은 왜 렌즈를 잘 씻어내나요?

안경에 먼지나 손자국 등이 묻으면 보통의 경우 렌즈에 입김을 불어 수증기가 맺히게 하고는 화장지나 부드러운 천으로 문질러 닦습

니다. 그러나 청소 후에 밝은 곳에서 렌즈를 비춰보면 유리알에 먼지가 많이 남아있는 것을 발견합니다. 그러나 안경집에 넣어둔 안경 수건으로 문지르고 나면 먼지가 거의 없이 깨끗하게 되지요.

안경 수건을 다시 만져봅시다. 다른 천보다 치밀하면서 아주 부드럽지요! 안경 수건이 유난히 부드러우면서, 렌즈 청소를 잘 하는 이유는, 그것을 짠 섬유가 매우 가느다란 폴리에스테르 합성섬유이기 때문입니다. 안경 수건을 만든 합성섬유는 섬유소(셀룰로오스)보다 질기고, 그 섬유의 굵기는 1~2마이크론인데, 머리카락은 60~80마이크론이지요. 1마이크론은 1,000분의 1mm입니다.

가느다란 섬유로 짠 직물은 매우 부드러워지며, 굵은 섬유보다 안경 유리의 표면에 더 밀착하여 작은 먼지까지 잘 씻어냅니다. 섬유가 가늘면 유리에 묻은 기름이나 먼지를 잘 흡착하는 효과도 있습니다.

매우 가느다란 섬유를 '극세(極細) 섬유'라고 하고, 이보다 더 가늘게 뽑은 섬유는 '초극세섬유'라고 합니다. 이러한 극세 섬유로는 인조가죽을 만들고 있습니다.

<사진 22> 안경에 묻은 먼지나 때는 가느다란 합성섬유로 만든 부드러운 안경 수건이 잘 씻어냅니다.

질문 23.

1회용 주머니 난로는 어떤 물질이 들었기에 장시간 열을 낼 수 있습니까?

몹씨 추운 겨울날 먼 길을 가야 할 때, 옛사람들은 돌이나 기와 조각을 장작불에 구워 그것을 천으로 싸서 들고 가면서 시린 손과 몸을 녹이곤 했습니다. 오늘날에는 얼음낚시를 가거나 등산하는 사람 중에 지갑 크기의 주머니 난로(일명 손난로, hand warmer)를 사서 가져가기도 합니다. 식어있던 조그마한 손난로는 자극을 주는 순간부터 더워지기 시작하여, 뜨거울 정도의 열기를 30분에서 12시간 이상 낼 수 있도록 만들고 있습니다.

주머니 난로의 내부 봉지에는 고운 철가루와 탄소가루, 소금 그리고 수분이 적당한 비율로 섞여 있습니다. 주머니 난로는 사용 직전에 내용물을 손으로 비벼 안에 든 비닐 주머니를 터뜨립니다. 그러면 쇳가루가 든 내부 봉지로 산소가 들어가 철과 산화반응을 일으킵니다.

쇠가 녹이 스는 것은 철이 산소와 산화반응을 일으킨 때문입니다. 산화반응이 일어나면 열이 발생합니다. 쇠가 녹슬 때는 화학반응이 아주 천천히 일어나기 때문에 열이 난다는 것을 느끼지 못합니다. 그러나 주머니 난로의 쇳가루는 먼지처럼 미세하기 때문에 산소와 접촉하는 면적이 많습니다. 그러므로 수많은 쇳가루 표면에서 산화반응이 동시에 대규모로 일어나므로 상당한 열이 발생합니다.

만일 쇳가루에 순수한 산소를 공급한다면 너무 고온이 되어 불꽃이 보일 정도가 됩니다. 주머니 난로에 함께 섞은 탄소가루나 소금은 산화반응이 적당한 속도로 진행되도록 조절해주는 작용을 합니다. 주머니 난로는 한 번 사용하고 나면 재사용이 불가능합니다. 이것은 쓰레기로 버리더라도 환경을 오염시킬 원인이 되는 물질은 없습니다.

　주머니 난로 종류 중에는 라이터 크기로 만들어 재사용할 수 있게 만든 것이 있습니다. 이것은 '벤젠'(가솔린과 비슷한 물질)을 산화시켜 열을 얻도록 만든 것입니다.

질문 24.
허리를 찜질할 때 사용하는 핫 팩(hot pack)은 어떻게 장시간 열이 납니까?

　비닐 주머니로 만든 책 크기의 핫 팩에는 물처럼 보이는 액체가 들어 있으며, 한 구석에 작은 금속조각이 붙어 있습니다. 식어있던 핫 팩이지만, 금속 조각을 손가락으로 눌러 구겨주면 열이 나기 시작하고, 액체 상태이던 내부의 물질은 차츰 고체로 변해갑니다. 그 사이에 핫 팩에서는 따뜻한 열기가 장시간 나와 몸을 따뜻하게 해줍니다.

　핫 팩은 '히트 팩'(heat pack)이라고도 합니다. 핫 팩 속에 채운 것은 물과 '아세트산나트륨'이라는 물질입니다. 물에 녹은 아세트산나트륨은 많은 열을 저장하고 있지만, 어떤 자극을 받기 전까지는 열을 방출하지 않습니다. 그러나 심하게 흔들거나 자극을 주면(금속을 굽히거나 하면) 가지고 있던 열을 밖으로 방출(발열반응)하기 시작하고, 가진 열이 나 나가버리면 고체 상태가 됩니다.

　이러한 변화는 얼음과 물의 관계와 비교할 수 있습니다. 고체인 얼음에 열을 주면 녹아 액체 상태로 됩니다. 이때 물은 얼음으로 있을 때보다 많은 열을 저장하고 있습니다. 반대로 물이 얼음으로 될 때는 가지고 있던 열을 내놓습니다. 눈이 오기 직전에 기온이 포근해지는 것은 수증기가 고체인 눈

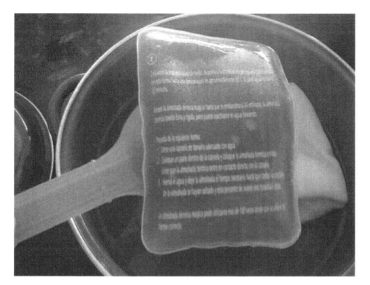

<사진 24> 플라스틱 주머니에 액체 상태로 담긴 핫 팩의 금속 조각을 구겨주면 오래도록 따끈따끈한 열을 내게 됩니다.

으로 변하면서 열을 방출하기 때문이지요.

핫 팩에 넣어 열을 내도록 할 수 있는 물질은 여러 가지 알려져 있습니다. 그 중에 아세트산나트륨은 인체에 해가 없기 때문에 안심하고 사용합니다. 열을 방출하고 식어 고체 상태가 된 핫 팩을 끓는 물에 넣어 10~15분간 두면 흡열반응이 일어나 다시 액체 상태로 됩니다. 그러므로 핫 팩은 여러 차례 재사용할 수 있답니다.

핫 팩은 아픈 근육이나 신경, 뼈 부분을 물리 치료하는데 많이 이용합니다. 또 냉동 창고 속처럼 추운 곳에서 장시간 일해야 하는 사람은 조끼 주머니에 핫 팩을 넣어두고 추위를 견디기도 합니다.

질문 25.

가정에서 파리나, 모기, 바퀴벌레를 없애기 위해 뿌리는 살충제와 모기향에는 어떤 성분이 포함되어 있으며, 인체에 해가 없나요?

농작물을 갉아먹는 해충을 없애는 살충제 농약은 종류가 매우 많으며, 대부분은 인체에도 해롭습니다. 과거에는 DDT, BHC, DDVP, 델드린, 마라손, 스미티온 등의 농약을 잘못 사용하여 사람과 가축이 해를 입기도 했습니다.

<사진 25> 제충국의 꽃에는 곤충들이 싫어하고, 살충 효과가 강한 피레트린이라는 화학물질이 포함되어 있습니다.

오늘날 바퀴벌레나 파리를 잡기 위해 가정에서 뿌리는 스프레이나 모기향(전자 모기향 매트도 포함)에 주로 사용하는 살충제는 '피레트린'이라는 화학물질입니다. 피레트린은 인체나 가축에는 해가 없으며, 집안의 해충들을 잘 죽이면서, 자연적으로 곧 분해되므로 환경 오염이 거의 없습니다. 그러나 물고기에는 피해를 주므로, 어항이 있으면 뚜껑을 덮어두고 약을 뿌립니다. 드문 일이지만, 어떤 사람은 피레트린에 피부 알레르기 반응을 나타내기도 합니다.

피레트린이라는 화학물질은 원래 제충국(除蟲菊)이라는 식물의 꽃에 포함된 천연 살충제 성분입니다. 제충국의 꽃을 말려 만든 가루를 해충에게 뿌리면 벌레가 죽는다는 것은 수천 년 전부터 알려져 있었습니다. 피레트린이 곤충의 몸에 뿌려지면, 곤충의 중추신경이 마비되어 허우적거리다가 끝내 죽습니다.

피레트린 성분은 빠르게 살충효과를 내며, 뿌린 후에는 오래 남아 있지 않고 저절로 분해되어버립니다. 오늘날의 피레트린은 식물에서 뽑아내지 않고 화학적으로 합성합니다. '페르메트린'이라든가 '시페르메트린'과 같은 화학물질은 피레트린과 유사한 합성 물질이면서 살충 효과가 더 우수합니다.

살충제를 뿌리면 석유 냄새가 나지요. 그 이유는 피레트린이 물에 녹지 않으므로 석유에 녹여 분무하도록 만든 때문입니다. 간혹 불량 살충제가 수입, 판매되기도 하는데, 그런 것은 인체에 위험할 수 있습니다.

질문 26.

치약에는 어떤 화학물질이 포함되어 있나요?

사람들은 하루에 몇 차례나 치약을 사용하면서도, 치약의 성분이 무엇인지에 대해서는 별로 관심이 없습니다. 치약은 이빨을 청소하고, 입안의 냄새를 제거하며, 입안의 세균을 죽여 충치를 예방하는 역할을 합니다.

치약은 대부분 플라스틱 튜브에 넣어, 짜서 사용하도록 만듭니다. 치약은 액체처럼 생긴(반고체 상태) 젤라틴에 여러 성분을 첨가하여 만듭니다. 소나 돼지의 뼈를 끓인 국물(곰탕)이 식으면 위에 우무처럼 생긴 것이 뜹니다. 이것을 콜라겐이라고 하며, 그 성분은 단백질입니다. 콜라겐은 동물의 뼈와 가죽을 구성하는 단백질 성분입니다. 젤라틴은 이 콜라겐을 가공하여 만든 것입니다. 젤라틴은 색이 없고 투명하며, 특별한 맛도 갖지 않은, 물과 고체의 중간 형태를 취한 물질입니다. 달콤하면서 말랑한 사탕인 젤리라든가 캐러멜, 양갱, 치약, 연고 등은 모두 젤라틴으로 만듭니다.

치약은 젤라틴에 몇 가지 성분을 넣어 제조합니다. 첨가물로는 이빨 표면에 붙은 음식물(치석)을 연마하는 연마가루, 단맛을 내는 인공감미료, 세균을 죽이는 과산화수소와 항생물질, 거품이 나게 하는 물질(SLS), 박하를 비롯한 각종 향료, 보기 좋도록 하는 색소 등이 있습니다.

SLS는 샴푸에도 넣는 거품을 만드는 물질입니

〈사진 26〉 지하수에 불소가 포함된 물을 마시는 사람들에게 충치가 적게 발생한다는 연구 보고가 미국에서 나오자, 치약에 불소(불소치약)를 넣는 것이 좋다고 하여 많은 불소치약이 보급되고 있습니다. 그러나 불소의 위험 때문에 불소치약을 반대하는 학자들도 있습니다.

다. 치약 속의 연마가루로는 대부분 규조토(질문 45 참조)를 사용합니다. 규조토는 모래와 똑같은 성분이고 미립자이기 때문에 연마제 역할을 잘 합니다. 또 삼키더라도 인체에 별다른 해가 없습니다.

오늘날과 같은 치약이 나오기 전에는 소금을 많이 사용했습니다. 지금처럼 튜브에 넣는 치약은 1900년경에 미국에서 처음 나왔습니다. 1914년부터는 불소가 충치 예방에 효과가 있다고 알려져, 많은 치약에 플로르화나트륨(NaF)이라는 불소 성분을 소량 혼합하게 되었습니다. 조심할 것은 불소는 인체에 해로울 수 있기 때문에 불소치약은 삼키지 않도록 해야 합니다. 특히 아기들의 치약으로는 불소치약을 사용하지 않도록 합니다.

입안에 음식찌꺼기가 남아 있으면 세균이 번식하기 좋은 환경이 됩니다. 세균에 의해 음식이 상하면 산성 물질이 생기므로, 이빨의 단단한 표면을 녹여 구멍을 냅니다. 그러므로 잠자야 할 때는 꼭 이빨을 닦는 버릇을 갖는 것이 충치 예방에 도움이 됩니다.

질문 27.
세탁비누와 화장용 비누(세숫비누)는 어떤 차이가 있나요?

옛 사람들은 수천 년 전부터 나무를 태운 재에 물을 붓고 울려내어, 그 물(잿물)로 머리를 감거나 세탁을 하면 자연수에서 보다 잘 씻어진다는 것을 알았습니다. 잿물이 세탁을 잘 하는 이유는, 재에 포함된 무기물 성분 때문입니다. 잿물에 녹아 있는 무기물은 약한 알칼리성을 가지므로 때의 중요 성분인 기름기와 결합하여 물에 씻겨 나가게 합니다.

화학이 발달하면서 '가성소다'(수산화나트륨)를 녹인 물은 강한 알칼리성을 나타내어 잿물보다 세탁 효과가 더 좋다는 것을 알았습니다. 가성소다의 위험성을 잘 모르던 당시의 사람들은 이것을 서양에서 온 잿물이라고 하여 '양잿물'이라 부르며 사용했습니다. 그러나 잘못하여 양잿물을 마시거나 눈에 들어가거나 하면, 생명이 위험하고 눈의 각막이 순식간에 상하여 실명하기도 했습니다.

오늘날과 비슷한 비누는 19세기 말부터 보급되기 시작했습니다. 이때의 비누는 동물이나 식물의 기름과 가성소다를 화합시켜 만든 것이었습니다. 이렇게 제조한 비누는 알칼리성이 강하여 피부를 거칠게 하고, 세탁물에 손상을 주기도 했습니다. 그래서 피부를 상하게 하지 않는 좋은 비누를 만들려는 비누공업이 발전하게 되었습니다. 오늘날에는 수백 수천가지 비누가 나와 서로 장점을 경쟁하고 있습니다.

일반 세탁비누로 빨래를 씻으면 먼지가 뭉친 것 같은 뿌연 비누 때가 생겨, 빨래와 대야 주변에 지저분하게 들어붙습니다. 이것은 물에 포함된 칼슘과 마그네슘이 비누의 성분과 결합하여 생긴 것입니다. 이처럼 비누 때가 많이 생기는 물은 무기물이 많이 포함된 물('센물'이라 함)이라는 것을 알게 합니다.

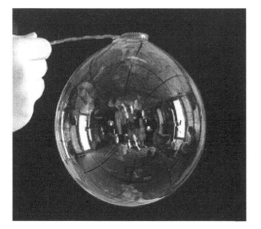

<사진 27> 물속에 무기물이 많이 포함되어 있으면 비누거품이 잘 생겨나지 않습니다. 비눗방울이 생기는 것은 물의 표면장력이 약해진 때문입니다.

화장비누로 머리를 감거나 세탁을 해보면, 비누 때가 생기지 않습니다. 화장비누는 피부를 보호하도록 알칼리성이 약하게 만들며, 향료를 섞기도 하고, 비누 때를 방지하도록 특수한 화학물질(에틸렌디아민테트라아세트산)을 혼합합니다. 이 물질은 센물에 포함된 칼슘이나 마그네슘과 비누 성분보다 먼저 결합하여 물에 풀려버리기 때문에, 비누 때가 생기지 않게 되지요.

질문 28.

합성세제는 천연 비누와 어떻게 다릅니까?

부엌에서 접시를 씻을 때는 주로 물비누를 사용하고, 세탁기에서는 물에 잘 풀리도록 가루로 만든 세제를 씁니다. 이러한 합성비누(합성세제)는 1940년대에 개발되었습니다. 천연 원료로 제조하는(질문 27 참조) 이전의 비누와 달리, 합성세제는 원유를 정제할 때 부산물로 나오는 물질을 사용합니다. 그리고 합성세제는 천연 비누와 성분만 차이가 있는 것이 아니고 세탁하는 화학적 작용도 다르며, 세탁력이 더 강하답니다. 또 합성세제는 물이 센물이거나, 온도가 차도 잘 풀려 세탁 효과가 좋은 성질이 있습니다. 물론 비누 때도 만들지 않습니다.

오늘날 빨래 세탁에는 가격이 싸고 세탁력이 좋은 합성세제를 대부분 사용합니다. 합성세제를 만드는 원료인 '알킬벤젠술폰산나트륨'은 냇물에 버려졌을 때 거품이 많이 일고 자연적으로 분해가 잘 되지 않았으며, 물고기를 죽이기도 하는 공해를 일으켜 말썽이 되었습니다. 그러나 화학자들의 노력으로 오늘날 생산되는 합성세제는 그러한 문제를 해결하여 미생물에 의해 쉽게 분해되고, 거품 공해도 일으키지 않습니다.

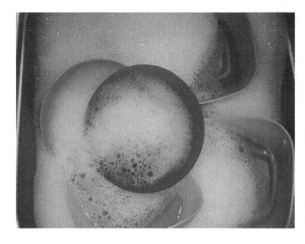

<사진 28> 오늘날 부엌에서 사용하는 물비누는 모두 합성세제입니다. 합성세제는 거품이 잘 일고 세탁력도 좋으며, 비누 때가 생기지 않습니다.

질문 29.

머리를 감을 때 사용하는 샴푸와 린스는 화장비누와 어떻게 다른 가요?

머리 피부에서는 땀과 기름 성분이 항상 나옵니다. 머리는 먼지를 많이 뒤집어쓰기 때문에 누구나 자주 감아야 하지요. 그렇지 않으면 피부병이나 비듬까지 생기기도 합니다. 그래서 많은 사람들은 머리를 감을 때 샴푸로 일차 씻고, 린스로 다시 행구기를 좋아합니다.

머리를 감는 전용 비누로 '샴푸'라는 상품이 나온 것은 1920년대 말이었습니다. 그때의 샴푸는 오늘날과는 달리 천연 비누로 만들었습니다. 그러나 현재의 액체 샴푸는 합성세제로 제조하며, 머리카락을 씻어내는 세정력이 화장비누보다 더 좋습니다. 또 샴푸에는 비듬을 없애고 가려움을 방지하는 약품을 혼합하기도 합니다.

화장비누나 샴푸로 머리를 감고 난 뒤, 머리카락에 비누 성분이 남으면 머리카락 표면의 지방 성분이 씻겨나가 거칠어진다고 하여, 많은 사람들은 린스를 머리에 뿌리고 다시 씻습니다. 린스는 1960년대 후반에 등장하여 애용됩니다. 린스에 포함된 화학물질은 머리카락 표면을 보호하고, 습기가 오래도록 남아 부드럽게 하며, 윤기가 나게 해주는 효과가 있습니다.

오늘날에는 얼굴이나 피부에 바르는 화장품만 아니라 화장용 비누도 새로운 것이 계속 나오고 있습니다. 화장품 시장에는 너무 많은 종류가 진열되어 있지요. 화장품과 비누 생산은 매우 큰 화학공업의 한 분야입니다.

〈사진 29〉 애완동물을 목욕시킬 때도 샴푸를 사용합니다. 샴푸는 모두 합성세제입니다.

질문 30.

목욕탕의 거울 표면에 비누를 바르면 왜 흐려지지 않나요?

더운 물로 샤워를 하고 있으면 목욕탕의 거울 표면이 수증기로 뿌옇게 덮혀 아무것도 보이지 않게 됩니다. 이럴 때 거울 표면에 비누를 바르고 물을 뿌려 비눗물을 씻어 내리고 나면 한 동안은 거울에 안개가 끼지 않습니다. 비가 내리거나 추운 날 자동차의 유리에 안개가 끼어 앞이 보이지 않게 될 때, 안개 방지용 스프레이를 뿌려두면 한 동안 흐려지지 않습니다.

거울 표면이나 자동차 유리가 흐려지는 것은 작은 물방울이 유리 표면에 맺혀, 마치 우유 빛 유리처럼 빛을 난반사하기 때문입니다. 그러나 유리 표면에 비누 성분이 있으면, 수증기는 비누와 만나 물방울을 맺지 않고 전체적으로 고르게 아주 얇은 물의 막을 이루게 됩니다. 이것은 비누와 물이 아주 친하기 때문입니다.

<사진 30> 표면장력이 강한 상태의 물 분자는 유리와 잘 접촉하지 않습니다. 그러나 세제가 들어가면 물은 유리와 잘 접촉하여 얇은 막처럼 덮입니다.

즉 유리 표면에 물방울이 가득 맺히면, 그 물방울은 빛을 사방으로 난반사하지만, 물의 표면이 매끈하면 마치 고요한 수면처럼 빛을 반사하는 것입니다. 그러나 시간이 지나 비누 성분이 다 씻겨나가면, 유리 표면은 다시 안개가 낄 수 있는 상태가 됩니다. 자동차에서 사용하는 안개 방지 스프레이에는 물과 유리가 잘 접촉하게 하는 세제 성분이 들어 있습니다.

질문 31.

종이기저귀는 어떤 물질로 만들기에 오줌에 젖어도 보송보송한가요?

기저귀는 아기가 스스로 오줌을 가릴 수 있을 때까지 꼭 필요하지요. 과거에는 천연섬유(주로 면)로 만든 기저귀를 사용했지만, 지금은 1회용 종이기저귀를 많이 씁니다. 종이기저귀는 세탁할 필요 없이 버릴 수 있으며, 갈아주기가 편하니까요.

종이기저귀 내부에는 화학자들이 발명한 놀라운 물질이 들어 있습니다. 그것은 '아크릴로니트릴'이라는 화학섬유와 천연섬유(또는 녹말)를 혼합하여 만든 수분 흡수 물질입니다. 이 물질은 자기 무게보다 50~400배 무게의 물을 머금을 수 있습니다. 보통의 휴지는 자기 무게의 10배 정도까지 물을 흡수합니다만, 종이에 압력을 주면 물이 다시 나옵니다. 그러나 아크릴로니트릴로 만든 물질은 물을 가득 머금어도 보송보송한 채로 있습니다.

1970년대에 화학자들이 수분을 잘 흡수하는 물질을 처음 개발하자, 이를 제일 먼저 기저귀로 사용한 사람은 놀랍게도 아폴로우주선의 우주비행사들이었습니다. 비행사가 우주복을 입고 선외에서 활동하거나, 달에 내려 한 번 활동을 시작하면 6시간 이상 소변을 참아야 했으니까요. 지금도 우주왕복선을 타는 비행사들은 각자 3개의 성인용 종이기저귀를 가지고 갑니다. 하나는 우주선을 발사할 때 착용하고, 하나는 지구로 재진입할 때, 그리고 나머지는 비상용입니다. 종이기저귀는 장시간 잠수를 하는 잠수부도 사용하고, 중요한 회의로 오래도록 자리를 떠나지

<사진 31> 종이기저귀가 보급되면서 기저귀를 세탁하고 말리는 일이 없어지고 있습니다.

못하는 경우에도 필요합니다. 종이기저귀는 용변이 자유롭지 못한 노인이나 특별한 환자들도 편리하게 사용합니다.

종이기저귀의 수분 흡수량은 제품에 따라 다소 차이가 있습니다. 오늘날의 종이기저귀는 버리더라도, 세균에 의해 쉽게 분해되어 아무것도 남지 않도록 만들기 때문에 환경오염을 일으키지 않습니다. 또 불에 태워도 유해한 가스가 발생치 않습니다.

질문 32.

성냥이 물에 한 번 젖으면, 말라도 왜 다시 켜지지 않나요?

담배를 피우거나 촛불을 켤 때, 또는 아궁이에 불을 지필 때 사용하는 성냥은 1805년부터 유럽에서 개발되기 시작하여, 많은 개선 과정을 거쳐 오늘에 이르렀습니다. 성냥이 나오기 전에는 불씨를 얻기 위해 언제나 원시적인 방법(부싯돌 사용 등)을 써야 했습니다. 우리나라에서는 1910년에 처음으로 성냥 공장이 생겨났다고 합니다.

오늘날 일반적으로 사용하는 성냥의 머리에는 염소산칼륨($KClO_3$)과 황(S)을 접착제로 갠 것을 동그랗게 ane여놓았습니다. 그리고 성냥 곽 표면에는 적린(赤燐)과 유리가루를 섞은 것을 접착제로 발라두었지요. 성냥 머리를 이 부분에 대고 쓱 문지

<사진 32> 성냥은 나무개비에 점화물질을 붙여 불씨를 얻는 매우 간단한 도구입니다. 오늘날 사용하는 안전성냥은 마찰 온도가 높아야 점화됩니다.

52

르면, 마찰열에 의해 성냥 머리에 불이 붙습니다.

성냥 머리의 주성분인 '황(S)'이라는 노란색 원소는 비교적 낮은 온도에서 점화되어 푸른색 빛을 내며 탑니다. 한편 염소산칼륨은 산소를 내놓아 황이 빨리 불붙도록 점화작용을 돕습니다.

한번 젖은 성냥은 말라도 불이 붙지 않게 되는 것은 염소산칼륨이 물을 흡수하여 녹아버렸기 때문입니다. 성냥 머리에 포함된 풀이나, 성냥 곽에 바른 접착제도 수분을 흡수하면 눅눅해져 마찰 효과가 줄어듭니다. 오늘날의 성냥은 과거의 것에 비해 매우 안전하게 만들어져 있기 때문에 '안전성냥'이라 부릅니다(질문 33 참조).

질문 33.
안전성냥과 딱성냥은 어떻게 다른가요?

안전성냥은 돌이나 마른 나무에 대고 아무리 부비더라도 불이 붙지 않습니다. 안전성냥은 성냥 곽에 바른 특수한 물질 때문에 점화됩니다. 성냥 곽에는 낮은 온도에서도 불이 잘 붙는 성질을 가진 붉은 인(적린 赤燐)과 유리 가루를 아교에 섞은 것이 칠해져 있습니다. 성냥 머리를 이곳에 대고 부비면, 유리 가루와의 마찰열에 의해 성냥 곽의 적린에 먼저 불이 붙어 성냥의 머리로 옮겨 붙습니다.

거친 성냥 곽 면이 아니더라도 돌이나 시멘트 등 단단한 것에 대고 문지르면 불이 붙는 성냥을 '딱성냥'이라 하지요. 딱성냥의 머리에는 '적린'이 포함되어 있습니다. 적린은 온도가 섭씨 240도를 넘으면 불이 붙습니다.

적린을 이용하는 딱성냥이 나오기 이전에는 흰색의 인(백린 白燐)을 사용한 성냥이 잠시 동안 보급되었습니다. 백린을 넣은 성냥은 낮은 온도에서도 불이 붙었기 때문에 매우 위험하고, 그 때문에 화재가 자주 발생했습니다. 그 뿐만 아니라 백린을 먹거나 하면 인체에 매우 유독하기도 했지요.

100여 년 동안 생활필수품이었던 성냥이 지금은 자동점화장치와 가스라이터가 나옴에 따라 사용량이 아주 줄었습니다. 심지어 성냥을 켜본 적이 없는 청소년도 있다고 합니다.

<사진 33> 가스레인지는 자동점화기가 붙어 있어, 압력을 주면 전류가 발생하여 가스에 불을 붙입니다.

2

생활 화학 이야기

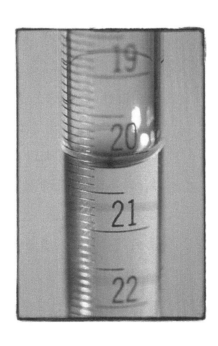

질문 34.

전지에서는 어떻게 전류가 나옵니까?

최초의 전지는 1799년에 이탈리아의 과학자 알렉산드로 볼타(1745~1827)가 발명했습니다. 전지를 영어로는 배터리(battery) 또는 셀(cell)이라 합니다. 전지라고 하면 손전등이나 휴대용 라디오, 탁상시계 등에 끼워 사용하는 원기둥 모양의 1.5볼트 건전지가 먼저 생각납니다.

전지는 종류가 수십 가지인데, 과학자들은 끊임없이 새로운 전지를 개발하고 있지요. 값싸면서 작고, 수명이 길며, 쓰레기로 버리더라도 친환경적인 전지가 필요하니까요. 손목시계나 계산기 등에는 손톱보다 작은 '단추 전지'를 넣어 씁니다. 휴대용 전화기, 디지털 카메라, 전기면도기, 노트북 컴퓨터에도 전지가 들어 있습니다. 자동차의 보닛을 열어보면 시동을 걸어주는 큼직한 자동차 배터리가 있습니다. 전지에는 태양전지, 연료전지, 원자력전지라는 것도 있습니다.

이러한 전지들의 공통된 특징은 그 속에 모두 화학물질이 들어 있다는 것입니다. 전지란 화학 에너지를 전기 에너지로 바꾸는 장치이지요. 전지의 종류는 전지 속에 넣는 화학물질의 종류에 따라 달라집니다. 그러나 어떤 전지이든, 전지 속의 물질들이 화학반응을 일으킨 결과 전류가 생겨납니다.

손전등용 건전지는 한 번 쓰고 나면 재충전하지 못하고 버려야 합니다. 한 번 쓰고 버리는 전지를 '1차 전지'라고 하는데, 함부로 버리면 환

〈사진 34〉 소형 계산기에는 손톱보다 작은 단추 전지를 넣습니다.

경을 오염시킬 위험이 있으므로 따로 모아 특수한 방법으로 처리합니다. 반면에 자동차 배터리나 휴대전화, 디지털 카메라의 전지처럼 수백 번 재충전할 수 있는 것은 '2차 전지' 또는 '축전지'라 합니다. 2차 전지에서는 재충전할 때, 전류를 생산할 때와 반대 방향으로 화학반응이 일어납니다.

만일 과학자들이 전지라는 것을 발명하지 않았더라면, 오늘날의 편리한 전자 도구들을 만들지도 못했을 것입니다. 전지는 사용하지 않더라도 오래 두면 저절로 화학반응이 천천히 일어나 전자(전류)가 더 이상 나오지 않게 됩니다. 전지를 효과적으로 보존하려면 기온이 낮은 곳에 두어야 화학변화가 천천히 일어나 오래갑니다.

질문 35.
손목시계나 계산기 등에 넣는 전지는 크기가 작으면서도 왜 수명이 긴가요?

손목시계에 넣은 오늘날의 작은 전지는 한 번 갈아 끼우면 10년 가까이 사용합니다. 작으면서 수명이 긴 이런 '단추 전지'는 참 편리합니다. 어떤 심장병 환자는 심장이 쉬지 않고 뛰도록 자극하는 '심장 페이스 메이커'라는 것을 수술하여 가슴 속에 파묻고 생활합니다. 여기에도 단추 전지가 들었습니다. 단추 전지는 재충전하여 사용하지 못하는 1차 전지입니다.

단추 전지는 작으면서 비싸지 않아 많이 사용됩니다. 단추 전지를 처음 개발했을 때는 수은을 사용했지요. 그러나 수은은 잘 못 버려질 경우 환경 오염을 일으키므로 사용하기 자유롭지 않았습니다. 이후 수은 대신 '리튬'이라는 금속을 사용하는 전지가 개발되었습니다. 이러한 소형 전지는 휴대용 전자제품만 아니라, 밤낚시를 할 때 장시간 밝은 빛을 내는 낚시찌로도 사용하지요.

리튬(Li, 원자번호 3)은 금속 가운데 가장 무르고 가벼운 은백색의 원소입니다. 리튬은 다른 원소와 화학반응이 잘 일어나, 공기와 만나도 금방 변하기 때문에 보관할 때는 화학반응을 하지 않는 기름 속에 넣어둡니다. 리튬은 지구상에 33번째로 많이 존재하는 원소이지만, 전부 다른 원소와 화합한 상태로 있습니다. 리튬은 뜨거워도 잘 깨어지지 않는 유리를 만들 때, 리튬 전지를 만들 때, 수소폭탄의 핵융합반응을 일으키는데 이용됩니다.

오늘날 새로운 전지를 개발하는 연구는 전 세계 전기화학자들의 중요한 과제입니다.

질문 36.
미래의 전기자동차에 사용한다는 연료전지란 어떤 것인가요?

나라마다 많은 과학자들이 꿈의 전지라는 연료전지를 다투어 개발하고 있습니다. 원시적인 연료전지는 이미 개발되어 수십 년 전부터 우주선 등에서 사용해 왔습니다. 그러나 지금까지 개발된 것은 제작비가 비싸고 무거우며, 생산되는 전력이 약해 만족스럽지 못합니다.

연료전지는 전기를 발생하는 원료 물질로 수소와 산소를 사용합니다. 수소와 산소는 우주선을 발사하는 연료이지요. 우주선에서 쓰는 연료전지는 연료 탱크에 싣고 간 수소와 산소 일부를 사용하여 전기를 생산합니다. 연료전지로 전기를 생산하면, 전기가 나오는 동시에 물이 만들어지므로, 공해의 위험이 전혀 없고, 물은 우주비행사의 생활에 사용할 수 있습니다. 또한 연료전지에서 전력이 생산될 때는 우주선 내부를 따뜻하게 해주는 열도 함께 발생합니다.

연료전지는 수소와 산소를 결합시킬 때 백금을 촉매(화학반응이 효과적으로 일어나게 돕는 물질)로 사용합니다. 가까운 날, 가볍고도 효율이 좋은 연료전지가 개발되면, 대부분의 자동차는 연료전지를 쓰는 전기자동차가 될 것입니다. 이런 연료전지 자동차는 휘발유나 가스 대신 수소와 산소를 연료로 사용하므로 매연을 염려하지 않아도 되고, 이산화탄소를 배출하지 않으므로 지구의 기온이 상승하는 온실효과를 걱정하지 않게 할 것입니다.

연료전지가 자동차에 실용화되려면 연구해야 할 큰 문제가 남아 있습니다. 연료전지에 쓸 수소와 산소를 대량 생산하려면 물을 전기분해해야 하므로, 이때 엄청난 전력이 필요하기 때문입니다. 과학자들은 그에 필요한 전력은 원자력 발전, 그중에서도 핵융합반응로에서 나오는 값싸고 무한히 생산될 수 있는 전력을 이용하려 한답니다.

질문 37.

싱크대나 알루미늄 새시 창틀의 틈새를 매우는 투명한 실리콘과 모래의 원소 성분인 실리콘은 왜 같은 이름으로 부르나요?

건축에서 실내 마무리를 할 때, 실리콘이라는 물질을 매우 편리하게 여러 모로 사용합니다. 유리 어항을 만들 때도 유리와 유리가 만나는 부분을 실리콘으로 밀봉합니다. 실리콘은 인조 고무와 비슷하여 그것으로 여러 가지 물건을 만들기도 합니다.

모래의 주성분인 규소를 영어로 실리콘(silicon)이라 합니다. 실리콘은 반도체를 만드는 원료가 되기도 하므로, 반도체 회사가 많이 들어선 곳을 흔히 '실리콘 밸리'(규소 골짜기)라 하지요. 미국 캘리포니아 주에 있는 실리콘 밸리는 세계적으로 유명한 반도체 공업 도시입니다.

<사진 37> 이 실리콘은 물처럼 투명하게 보이지만, 물을 흡수하지 않으며 고무와 비슷한 탄성을 가지고 있습니다.

알루미늄 섀시와 창유리 틈새를 매우거나, 주방 싱크대 주변을 방수하는데 사용하는 반투명하고 고무질 같은 물질의 본래 이름은 '실리콘 러버'(실리콘 고무)입니다. 이때 영어는 silicone rubber라 쓰는데(줄여서 silicone), 실리콘 원소(silicon) 이름에 'e'가 더 붙어 있답니다.

이처럼 비슷하게 이름을 가지게 된 데는 이유가 있습니다. 모래 성분인 실리콘과 유기물(메탄이나 에탄 등)을 화학적으로 결합시키면, 규소와 전혀 다른 고무와 비슷한 실리콘 러버가 되기 때문입니다. 실리콘 러버는 물이 침투하지 않는 방수작용이 있고, 고무처럼 탄성도 어느 정도 있습니다만, 접착성은 없습니다. 이 물질은 전기를 통하지 않으며, 섭씨 영하 100도에서 영상 250도 사이에서는 변질되지 않을 만큼 온도에 강하고, 인체에 독성도 적습니다.

오늘날에는 성질이 다른 여러 종류의 실리콘이 개발되었으며, 실리콘 고무라든가 '실리콘 그리스', '실리콘 오일' 같은 것들이 편리하게 이용되고 있습니다.

질문 38.
음주 측정기는 어떻게 알코올 농도를 조사할 수 있나요?

술을 마신 상태로 운전하면 사고를 일으킬 가능성이 매우 높아집니다. 그러므로 밤에는 경찰들이 곳곳에서 운전자가 술을 마셨는지 검사를 합니다. 경찰관들이 음주 운전자를 확인하기 위해 사용하는

측정기는 '디지털 휴대용 음주측정기'라 부릅니다. 음주측정기는 운전자의 폐로부터 나오는 날숨 속에 포함된 알코올의 농도를 즉시 측정하여, 알코올 농도를 수치로 나타내거나, 붉은 불과 푸른 불을 켜서 위반 여부를 알려주기도 합니다.

술이란 물과 에틸알코올이 혼합된 것입니다. 에틸알코올은 휘발성이 강하여 공기 중으로 잘 날아갑니다. 술을 마시면 알코올 성분은 위와 장에서 혈액으로 들어가 장시간 몸속을 돌면서 서서히 에너지로 변합니다. 혈액에 알코올 성분이 있으면, 호흡할 때 폐의 혈관을 지나면서 일부 알코올은 숨과 함께 밖으로 나갑니다.

운전자가 음주측정기에 입바람을 불면, 숨 속의 알코올은 백금으로 된 판(촉매작용 질문 120 참조) 위를 지나가면서 화학변화가 일어나 아세트산과 물, 이산화탄소로 변합니다. 이때 화학 에너지가 생겨나는데, 이 에너지가 내부의 전기장치에 전류가 흐르도록 하여, 그 전압이 수치로 나타납니다. 그러므로 음주측정기는 알코올을 원료로 전기를 생산하는 연료전지(질문 36 참조)에 해당합니다.

음주측정기에는 빛을 받으면 전류가 생산되는 '광전지'를 이용한 것도 있습니다. 이것은 태양전지의 일종입니다(질문 162 참조). 우주선이나 무인 등대 등에 사용하는 넓게 펼쳐진 태양전지는 광전지입니다. 광전지 음주측정기는 알코올이 포함된 공기 속을 빛(적외선)이 지나면 전류가 더 많이 흐르도록 만든 것입니다. 광전지 음주측정기 속으로 숨을 불어넣었을 때 전류가 높게 나타날수록 음주량이 많은 것입니다.

음주측정기는 알코올을 검사하는 '화학 코' 또는 '인공 코'라고 할 수 있습니다. 만일 혈액 속에 알코올 성분이 0.05% 이상 포함되어 있으면 그 사람은 행동이 느려지고 주의력이 떨어지므로, 음주 위반에 해당합니다. 참고로 혈중 알코올 농도가 0.1%를 넘으면 균형감각과 판단력이 아주 나빠지고, 0.3%

이상이면 의식을 잃을 정도가 되며, 0.5%를 넘으면 생명이 위험합니다.

질문 39.

난로나 아궁이의 장작이 타고 나면 하얀 재만 조금 남습니다. 나무를 이루던 대부분은 어디로 사라졌나요?

장작(나무)의 주성분은 섬유소이고, 섬유소 틈새에는 '리그닌'이라는 성분이 상당량 포함되어 있습니다. 소나무에서 흘러내리는 송진도 리그닌에 속합니다. 리그닌에는 여러 가지 물질이 혼합되어 있으며, 이 성분은 온도가 높으면 기체가 되어 알코올이나 석유처럼 잘 불탄답니다.

나무를 완전히 말리면 리그닌 성분의 무게가 30~50%를 차지하고 있답니다. 리그닌은 가느다란 섬유소들이 단단해지도록 하는 작용을 합니다. 마치 철근 사이에 넣은 시멘트처럼 말입니다. 목재를 구성하는 섬유소와 리그닌은 성질과 기능이 다르지만, 화학적 성분은 모두 탄소와 산소, 수소 3가지로 구성되어 있습니다.

나무가 불꽃을 내면서 연소하는 것은, 섬유소와 리그닌 성분이 산소와 결합하는 화학반응이 일어나고 있는 것입니다. 이때 탄소는 산소와 결합하여 이산화탄소가 되고, 수소는 산소와 화합하여 수증기 상태로 사라집니다. 그러므로 장작이 타고난 자리에는 나무에 소량 포함되어 있던 칼슘, 칼륨, 마그네슘 등의 무기물(미네랄)만 재로 남습니다.

나무를 태워보면 어떤 나무는 열기가 많이 나면서 잘 탑니다. 그런 나무는 리그닌 성분이 더 많기 때문입니다. 리그닌은 섬유소보다 훨씬 많은 에너지를 낸답니다. 나무를 태웠을 때, 전부 타지 않고 검은 숯이 남았다면,

그것은 나무의 리그닌 성분은 먼저 휘발하여 연소하고, 섬유소의 탄소만 남은 것입니다.

<사진 39> 장작이 불타는 것은 나무의 성분인 리그닌과 섬유소가 산소와 산화반응을 일으키는 현상입니다. 장작이 맹렬하게 탈 때 작은 불꽃이 튀는 것은 나무의 탄소 입자가 날아 나와 공중에서 타는 현상입니다.

질문 40.

나무라든가 기름이 타면 왜 열이 발생하나요?

나무, 종이, 휘발유, 석유, 프로판가스, 숯, 석탄, 수소 등은 불을 붙이면 모두 잘 탑니다. 열을 내면서 타는 물질을 '연료'라고 말하지요. 연료가 탄다는 것은 산소와 빠르게 산화반응을 하는 것입니다. 산화반응이 일어나면 언제나 열이 납니다. 쇠가 녹스는 것도 산화반응인데, 이때도 열이 납니다. 다만 반응이 아주 느리게 진행되기 때문에 그 열을 느끼지 못할 뿐입니다.

연료가 타면 열이 나는 이유를 장작을 예를 들어 알아봅시다. 장작이 탄다는 것은 탄소가 타는 것입니다(질문 39 참조). 장작을 이루는 탄소는 에너지를 가지고 있으므로 산소와 산화반응을 일으키면 이산화탄소(탄산가스)로 변하면서 열을 내놓습니다.

탄소 + 산소 → 이산화탄소 + 열

이처럼 산화 반응이 일어난 뒤에 생겨난 이산화탄소 속의 탄소에는 에너지가 없습니다.

그리고 수소를 태우면 산소와 반응(연소)하여 물이 생겨나면서 열이 납니다.

수소 + 산소 → 물 + 열

이때도 반응하기 전의 수소는 에너지를 가지고 있으나, 물로 변화한 수소에게는 에너지가 줄어듭니다.

장작이나 석탄, 석유가 가진 에너지는 어디에서 온 것일까요? 식물이 광합성을 하면, 태양으로부터 에너지를 받아 이산화탄소와 물을 결합시켜 영양분을 만듭니다. 만일 태양이 없다면 광합성은 일어날 수 없습니다. 즉 태양의 에너지를 받아들여 생겨난 섬유소나 탄수화물 등의 유기물은 에너지를 가지게 됩니다.

높은 언덕에 놓인 바위는 큰 힘으로 굴러 내릴 수 있습니다. 골짜기의 물도 낮은 곳으로 거센 힘을 내며 흐릅니다. 이와 마찬가지로 에너지를 가진 물질이 화학 반응을 일으키면 에너지를 발산하면서 안정한 물질로 됩니다.

질문 41.
프로판 가스나 휘발유는 빨리 타는데, 석탄이나 숯은 왜 오래도록 타나요?

가스 탱크나 파이프에서 가스가 새어나와 폭발하는 사고가 가끔 발생합니다. 폭발이라는 것은 산화반응(연소)이 한꺼번에 일어난 현상입니다. 이때 높은 열에 의해 공기의 부피가 순간적으로 수십 수백 배 팽창하여 큰 소리와 함께 폭발을 일으키지요.

기체 연료는 액체 연료보다 빨리 타고, 액체 연료는 고체 연료보다 빠르게 연소하지요. 이것은 기체가 탈 때는 주변의 산소와 반응할 수 있는 공간이 넓고, 액체나 고체는 그 표면에서만 연소 반응이 일어나기 때문입니다. 한편 액체 연료에 불이 붙으면, 뜨거워진 열기가 액체를 기체 상태로 만들

므로, 고체보다는 액체가 더 빨리 탈 수 있게 됩니다.

이것은 양초가 타는 것을 보면 알 수 있습니다. 양초는 '파라핀'이라는 물질이 고체 상태로 있는 것입니다. 양초의 심지에 불을 붙이면 그 열에 의해 파라핀은 녹아 액체가 되고, 다시 기체 상태로 되어 불꽃을 내며 타고 있지요.

<사진 41> 고체인 양초는 심지의 열을 받아 액체가 되었다가 기체로 변하여 연소합니다.

질문 42.
불꽃놀이의 불꽃탄은 어떻게 온갖 모양과 색을 내나요?

축제일 밤, 하늘 높이 솟아올라 펑펑 터지며 불꽃을 쏟아놓는 불꽃탄은 색체와 모양이 다양합니다. 어떤 불꽃은 곧 사리지고, 어떤 것은 지면 가까이까지 내려오며 빛나기도 합니다.

불꽃놀이는 중국에서 약 1,000년 전부터 시작되었습니다. 10세기경 흑색화약을(질문 96 참조) 발명한 중국인은 이것을 폭약으로 만들어 군사용으로 사용했습니다. 흑색화약은 질산칼륨(초석이라 부름)에 황과 검은 숯가루를 혼합하여 만듭니다. 이것에 불을 붙이면 큰 소리를 내며 폭발하는데, 이때 흰 연기를 많이 내지요.

그들은 흑색화약을 조그마한 규모로 개량하여 폭죽을 만들었습니다. 폭죽은 전쟁에서의 승리와 평화를 축하하는 불꽃놀이 행사에 사용했습니다. '폭죽'(爆竹)이란 작은 대나무나 종이를 말아 만든 대롱 속에 폭약을 넣고 불을 붙여 발사했기 때문에 얻은 이름입니다. 당시의 폭죽놀이는 오늘날까지 그대로 이어오고 있습니다.

폭죽은 원시적인 로켓입니다. 흑색화약이 맹렬하게 연소하면서 내놓는 가스의 힘에 대한 반작용으로 폭죽은 쉿! 소리를 내며 공중으로 날아오릅니다. 그때 폭죽에서는 불빛과 연기가 나오지요. 19세기에 들어와, 화약재료 속에 알루미늄이나 마그네슘 가루를 혼합하면 불꽃이 매우 화려한 빛을 낸다는 것을 알게 되었습니다.

폭죽은 공중 높이 올랐을 때 큰 폭발을 하면서 색색의 불꽃을 쏟아내도록 개발한 것입니다. 불꽃탄은 2가지 요소로 구성됩니다. 즉 공중에서 터지는 부분과, 그것을 높이 쏘아 올리는 로켓입니다. 불꽃탄을 쏘는 로켓의 연료도 여러 가지 개발되어 아름다운 불꽃을 뒤로 남기며 하늘로 솟습니다.

불꽃탄의 기본 재료는 질산칼륨, 안티모니염류, 황, 숯가루, 쇳가루 등인데, 여기에 리튬이나 스트론튬을 혼합하면 붉은색을 내고, 질산바륨은 초록색, 구리 성분은 청색, 나트륨은 노랑색, 티타늄은 흰색을 낸답니다.

<사진 42> 중국에서 시작된 불꽃놀이의 역사는 1천년에 이릅니다. 오늘날에는 컴퓨터로 조종하는 무선 점화장치를 사용하여 화려하고 아름다운 광경을 만들어냅니다.

질문 43.
어둠 속에서도 보이는 시계 숫자판의 야광물질은 무엇인가요?

컬러텔레비전이나 컴퓨터 모니터의 화면에는 특수한 물질(형광물질)이 칠해져 있습니다. 형광물질은 외부로부터 빛이나 전자를 받는 동안만 형광을 냅니다. 형광등에서는 원래 자외선이 나옵니다만, 그 자외선이 유리관 안쪽에 칠해진 형광물질을 자극하여 흰빛의 형광이 나오는 것입니다.

도로의 교통표시판 페인트에는 형광물질(야광도료)이 들어있어, 자동차의 불빛이 비치면 눈에 잘 보이는 형광을 내지요. 형광물질이나 야광도료는 전류가 흐르지 않거나 빛이 비치지 않으면 형광을 내지 않아 보이지 않습니다.

형광을 내는 물질의 종류는 매우 많습니다. 여러 가지 광물을 비롯하여 곤충이나 새의 날개, 어떤 개구리의 피부에서도 형광을 볼 수 있습니다. 유전자를 조작하여 털에서 형광이 나는 고양이를 탄생시키기도 했습니다. 문방구에서는 갖가지 형광이 나는 종이를 팔고 있습니다. 빨래할 때 사용하는 세제에 형광물질을 섞어, 흰 천이 더 희게 보이도록 하기도 합니다.

시계의 숫자판 글씨를 어둠 속에서도 환하게 볼 수 있도록 하려면, 외부로부터 빛(에너지)을 받지 않더라도 형광을 낼 수 있어야 합니다. 과거에는 빛(에너지)을 받지 않아도 장시간 형광을 내도록 하기 위해, 형광물질에 라듐과 같은 방사선(빛으로 작용함) 물질을 혼합했습니다. 그러나 라듐은 인체에 해를 끼칠 수 있으므로, 오늘날에는 아주 약한 방사선을 내는 물질을 사용합니다.

트리튬이라든가 크립톤-85, 프로메튬-147, 탈륨-204와 같은 물질에서 나오는 방사선은 시계의 유리를 투과할 수 없을 정도로 약하지만 형광은 낼 수 있습니다. 이런 형광도료는 '방사선 도료'라고 부르기도 합니다.

인광(燐光)은 인(P, 원자번호 15)이라는 원소가 서서히 산화하면서 내는 청백색 빛입니다. 형광물질과 인을 함께 혼합한 물질을 '인형광체'라고 하는데, 인형광체는 외부의 빛이 꺼지더라도 잠시 동안 빛을 더 냅니다.

<사진 43> 계기판의 눈금이 형광을 냅니다. 도로에 그려진 흰 선은 형광 도료이므로 밤에 자동차 헤드라이트가 비치면 즉시 밝게 보입니다.

질문 44.
밤낚시를 할 때 사용하는 야광찌는 어떻게 빛을 낼 수 있나요?

낚시용 야광찌가 발명되기 전에는 밤낚시를 할 때 찌 끝에 형광 테이프를 붙이고, 전지나 아세틸렌 가스등을 비추어 찌가 움직이는 것을 보았지요. 그러나 1980년대에 전자 찌(질문 35 참조)와 값싸고 편리한 '야광찌'가 나오면서 아세틸렌 가스등은 사용하지 않게 되었습니다. 아세틸렌(C_2H_4)은 물에 칼슘카바이드(CaC_2)를 넣으면 생겨나는 불에 잘 타는 기체입니다. 칼슘카바이드는 석회석($CaCO_3$)을 원료로 만듭니다.

빛이 나게 하는 방법에는 세 가지가 있습니다. 첫째는 전기(전지를 포함)를 이용하는 것이고, 두 번째는 개똥벌레처럼 냉광이 나오게 하는 것이며, 세 번째는 화학적인 작용으로 발광하게 하는 것입니다. 오늘날 대부분의 야광찌는 '케미컬 라이트'(줄여서 케미라이트) 또는 '라이트 스틱'이라 부르지요. 낚시찌로 사용하는 라이트 스틱은 조그맣게 만들지만, 손에 들고 막대

〈사진 44〉 라이트스틱 내부에는 작은 유리관이 이중으로 들었습니다. 안쪽 유리관에는 과산화수소가 담겨 있고, 바깥 플라스틱 관에는 페닐 옥살레이트 에스테르가 담겼습니다.

기처럼 흔들 수 있도록 크게 만든 장난감도 있지요. 이런 라이트 스틱에서는 여러 가지 빛깔의 형광이 나오도록 할 수 있습니다. 라이트 스틱은 목걸이라든가 생일 파티 장식용으로 쓰기도 합니다.

작은 관 모양인 케미컬 라이트는 내부에 작은 관이 이중으로 들어 있습니다. 내부의 관은 유리로 만들었으며, 거기에는 과산화수소(질문 21 참조)가 담겨 있습니다. 그리고 그것을 둘러싼 바깥 부분에는 '페닐 옥살레이트 에스테르'라는 화학물질이 들어 있습니다. 케미라이트를 사용하기 전에 중간 부분을 꺾으면 내부의 유리관이 깨지고, 이때부터 두 화합물이 섞이면서 서서히 화학반응을 일으키게 됩니다. 그러면 화학에너지가 빛에너지로 변하여 발광하게 됩니다.

낚시용 야광찌로 만든 것은 대개 8~10시간 정도 계속하여 빛을 내는데, 시간이 지나면 차츰 어두워집니다. 야광찌에서 붉은색이나 푸른색 등의 빛이 나게 하려면 원하는 색의 빛을 내는 형광물질을 혼합합니다. 케미컬 라이트에서 장시간 빛이 나도록 하려면, 온도가 낮은 냉장고에 두어 화학반응 속도가 느리게 일어나도록 합니다. 그러나 따뜻한 곳에 둔다면 빛은 더 밝아지지만 수명은 짧아집니다. 야광찌에 든 화학물질은 피부에 묻거나 눈에 들어가면 위험하므로 속까지 깨뜨려 보지 않아야 합니다.

질문 45.

다이너마이트 제조에 사용하는 규조토(硅藻土)란 어떤 흙인가요?

바다와 호수의 수면 가까운 곳이나 개펄에는 규조라고 부르는 하등한 식물이 왕성하게 번식하고 있습니다. 이 규조는 현미경이 있어야 볼 수 있도록 작은 식물이지만, 전 세계의 바다와 민물에 워낙 많이 살기 때문에 지구상에 가장 풍부하고, 산소를 최고로 많이 생산하는 광합성 식물입니다. 식물성 플랑크톤이라고 하면 대부분은 규조이며, 그 종류는 30만 종을 넘습니다.

이 규조는 모래의 성분인 산화규소로 이루어진 껍질로 쌓여 있습니다. 그러므로 이들이 살다가 죽으면 세포 내부는 모두 분해되고 껍질만 아래로 가라앉아 바다나 호수의 바닥에 쌓이게 됩니다. 만일 규조가 살던 호수가 어떤 이유로 수백만 년 만에 사막화되어 마르게 되면, 바닥에는 규조의 껍질만 쌓인 규조의 화석 층이 드러나게 됩니다. 이렇게 하여 생긴 것이 규조토입니다.

규조토는 산화규소가 86%를 차지하고 있습니다. 이것은 마치 분필처럼 무르기 때문에 손톱으로 긁으면 가루가 되지요. 그리고 그 입자에는 틈새가 많아 아주 가벼우며, 다른 물질을 잘 흡수할 수 있고, 열을 잘 차단하기도 합니다.

알프레드 노벨은 니트로글리세린을 규조토 가루에 흡수시키면 폭발 위험이 크게 줄어든다는 사실을 발견하고, 1867년에 다이너마이트 제조 특허를 얻어 굉장한 부자가 되었습니다. 오늘날 규조토는 다이너마이트 외에 정수기라든가 맥주, 포도주, 설탕 제조 시에 필

<사진 45> 도로 공사장에서 다이너마이트로 거대한 바위를 파괴합니다.

터로 사용하며, 종이와 페인트, 도자기, 비누 등을 제조할 때도 쓰입니다.

규조토를 해충에게 뿌리면, 곤충의 피부를 덮고 있는 큐티클에서 지방질과 수분을 뽑아내어 해충을 죽게 합니다. 또한 규조토에 농약을 섞어 뿌리면 약효가 오래도록 유지되기도 하지요. 근래에는 냄새와 수분을 잘 빨아들이는 규조토의 성질 때문에 애완동물의 변기에 깔아주기도 합니다.

질문 46.
공장 굴뚝의 연기와 연막탄의 연기는 어떻게 다른가요?

옛 사람들은 전쟁이 나거나 하면 산꼭대기에서 불을 피워 연기를 내는 방법으로 사방에 신호를 보냈습니다. 산골짜기 시골 마을에서 피어오르는 밥 짓는 연기는 매우 평화스러워 보이기도 합니다. 시골에서는 여름밤에 모기를 쫓느라 연기가 나는 모닥불을 피우기도 하지요. 그러나 공장의 연기라든가 전쟁터의 연기는 두려움의 대상이 되기도 합니다. 화산에서도 검은 연기가 흰 수증기와 함께 뿜어 나옵니다.

나무, 석유, 석탄, 종이, 비닐, 양초 등 무엇인가 타면 연기가 납니다. 이때 연기 속에서 검게 보이는 것은 대개 탄소의 작은 입자이고, 재도 포함되어 있는데 이들은 고체 입자입니다. 연기 속에는 기체와 액체도 섞여 있습니다. 연기 속에는 무엇이 타는가에 따라 산화질소, 이산화황, 이산화탄소, 일산화탄소, 암모니아, 시안화수소 등 수백 가지 기체 화합물이 나옵니다. 그 중에는 독가스도 포함되어 있지요. 어떤 기체는 연소하면서 공기 중의 수분과 결합하여 액체 상태의 연기가 되는데, 그들은 산성비로 변하기도 합니다.

장작에 처음 불을 붙이면 연기가 많이 나다가, 불이 활활 타기 시작하면 줄어듭니다. 처음 불을 지폈을 때는, 타는 온도가 낮은 상태이므로 탄소와

<사진 46> 곡예비행을 하는 제트기가 탄소 연기를 뿜습니다.

산소가 완전히 화합하지 못해 탄소 입자가 많이 생깁니다. 그러다가 차츰 열이 오르면 탄소와 산소가 잘 화합하여 거의 이산화탄소로 변합니다. 그러므로 연기가 나지 않도록 하려면 고온에서 완전연소가 일어나도록 해야 하지요.

육상이나 해상에서 전투를 할 때, 적이나 아군의 위치를 알리기 위해, 또는 자신을 적으로부터 숨기기 위해 구름 같이 피어오르는 연막탄을 사용하기도 합니다. 이런 연막탄은 연기가 많이 나도록 염소산칼륨이나 질산칼륨에 설탕, 탄산수소나트륨 등을 섞은 화약으로 만듭니다. 만일 연막탄에서 붉은색이 나도록 하려면 거기에 붉은 색소 물질을 혼합합니다.

질문 47.
평판 텔레비전 화면에 사용되는 액정(액체결정)이란 어떤 물질인가요?

디지털시계나 작은 계산기의 문자판 글씨는 '액정'이라 부르는 물질에 의해 나타납니다. 평판 텔레비전 화면이나 컴퓨터 모니터를 확대경으로 보면 적색, 청색, 초록의 작은 막대 모양이 수없이 모인 것임을 알 수 있습니다. 이들이 액정입니다. 과학자들이 액정이라는 물질에 대해 연구하지 못했더라면 우리는 여전히 무겁고 두터운 텔레비전을 보아야 했을 것입니다.

자연에서 발견되는 다이아몬드나 수정, 흑연과 같은 물질은 일정한 각을 가진 모서리와 면을 규칙적으로 가지고 있습니다. 이런 것을 '결정체'하고 하는데, 소금의 분자는 정육면체 결정체입니다. 물이 얼어 눈이 되면 독특한 결정 형태가 되지요. 고체로 된 원소는 대부분 분자 구조가 규칙적으로 배열한 결정체랍니다. 다만 종류에 따라 결정의 크기가 작아 현미경으로 보아야 하는 것도 있지요.

결정(結晶)을 영어로 '크리스털'(crystal)이라 합니다. 유리잔이나 접시를 보석처럼 각이 지게 만들어, 굴절된 빛이 무지개 색으로 보이도록 만든 것을 사람들은 '크리스털'이라 부르지요. 그것은 유리잔의 각진 모양이 결정체를 닮았기 때문입니다. 유리 크리스털을 만들 때는 빛이 더 굴절하도록 24~35%의 산화납을 넣고 있습니다. 어떤 사람은 크리스털 유리잔에 포도주를 담으면 몸에 해로운 납 성분이 녹아나올 것이라고 말하기도 합니다.

1888년 오스트리아의 식물학자인 프리드리히 라이니처(1858-1927)는 어떤 유기물을 연구하던 중, 액체 상태이면서 고체처럼 결정체 모양을 가진 물질을 발견했습니다. 이후 이러한 성질을 가진 물질이 몇 가지 더 발견되자, 액체상이면서 결정체 성질을 가진 물질을 '액체결정'(liquid crystal, LC) 또는 줄여서 '액정'이라 부르게 되었습니다.

액정 성질을 가진 물질은 전기나 자기장 또는 열에 의해 분자가 규칙적으로 배열하게 됨에 따라 색을 나타냅니다. 물리학자와 화학자들은 첨단적인 연구 방법으로 계속하여 새로운 종류의 액정과 그 활용도를 개발하고 있습니다. 오늘날 한국은 우수한 액정화면(LCD) 텔레비전을 세계에서 가장 많이 생산하여 수출하고 있습니다.

<사진 47> 이 디지털시계의 문자는 액정에 전류가 흐름에 따라 나타나게 됩니다.

73

질문 48.

산성비는 왜 생겨나며 어떤 환경 피해를 주나요?

화학공장이나 발전소, 자동차 등에서 석유나 석탄을 태우면 그 속에 소량 포함되어 있던 황(S)이 산소와 결합하여 이산화황(SO_2)이 되고, 이것은 다시 산소와 결합하여 아황산가스(SO_3)가 된답니다. 연기와 함께 공기 중에 나온 아황산가스는 수증기(H_2O)와 만나 황산(H_2SO_4)으로 변합니다. 또한 석유와 석탄 연기 속에 포함된 질소 성분은 질산(HNO_3)으로 변화합니다.

산성비란 이러한 황산과 질산 성분을 다량 포함된 빗물을 말합니다. 산성비는 공업도시나 대도시 근처에 더 많이 내립니다. 그러나 구름은 바람 따라 이동하기 때문에, 지역에 따라 차이는 있지만 세계 어디라도 산성비의 영향을 받습니다.

산성 물질은 매우 강한 화학작용을 가지고 있습니다. 대리석이나 석회석을 녹여 내리는가 하면, 쇠나 알루미늄, 아연 등의 금속도 부식시킵니다. 더구나 산성비가 숲에 계속 내리면, 나뭇잎의 성분이 변화하여 제 기능을 못하고 상한 모습이 되어 일찍 낙엽지게 됩니다. 산성비가 심하게 내린 숲은 여름이라도 잎이 모두 떨어지고 가지만 남게 되기도 합니다.

아황산가스를 코로 호흡하면, 코 안의 수분과 화합하여 강한 산화작용을 일으킵니다. 그러면 코 안과 기관지가 상하여 호흡기병을 앓게 됩니다.

〈사진 48〉 석탄이나 석유를 태우는 공장의 굴뚝으로 이산화황이나 산화질소가 섞여 나오면, 수증기와 만나 산성비가 됩니다.

3 음식물의 화학

질문 49.

식품의 건조제로 사용하는 모래알 같은 실리카겔은 무엇입니까?

사탕과자나 가공된 김 또는 약품이 든 통을 열었을 때, 그 안에 작은 주머니에 담은 구슬처럼 생긴 반투명한 모래알 같은 것을 발견합니다. 일반적으로 그것을 '건조제'라고 부르는데, 그 속의 모래알 닮은 것은 실제로 모래와 화학적으로 성분이 똑같은 규소와 산소로 구성된 물질입니다. 이것은 '실리카겔'이라 부르며, 자연 상태의 모래가 아니라 특수한 방법으로 만든 것입니다.

일반 모래라면 수분을 잘 흡수하지 못합니다. 그러나 실리카겔은 그 내부에 지극히 작은 구멍이 가득합니다. 이 구멍 속으로는 상당한 양의 수분이 들어가 내부 공간의 표면에 흡착됩니다. 예를 들면 100그램의 실리카겔은 20~30그램의 수분을 흡수합니다.

이 실리카겔은 맛도 냄새도 없으며, 위생상으로 인체에 해가 없습니다. 금방 만든 실리카겔에는 푸른색 알맹이가 섞여 있습니다. 이것은 염화코발트로 염색한 것인데, 수분을 많이 흡수하면 푸른색이 분홍색으로 변하므로, 그 색을 보아 어느 정도 수분을 흡수했는지 판단합니다.

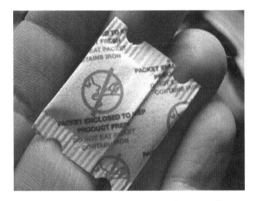

<사진 49-1> 실리카겔이 든 작은 종이봉투입니다. 안에 담긴 실리카겔은 모래와 같은 성분이므로 먹을 수 없는 것입니다.

<사진 49-2> 실리카겔을 확대하여 보면 유리구슬처럼 보입니다. 그러나 실리카겔 알맹이는 수많은 틈새를 가지고 있으며, 수분은 틈새 표면에 흡착됩니다.

꽃이 살아있을 때의 모양과 색으로 건조시킨 것을 '드라이 플라워'(말린 꽃 또는 건조화)라 합니다. 이것을 만들 때, 건조제인 실리카겔을 사용합니다. 예를 들어 장미꽃을 넣은 병에 실리카겔을 충분히 넣고 밀봉하면, 장미꽃의 수분이 흡수되어 장미색을 그대로 보존한 드라이 플라워가 된답니다.

질문 50.

익지 않은 감이나 도토리를 먹으면 왜 입안이 텁텁해지나요?

입안이 마르는 것 같은 떫은 맛을 좋아하는 사람은 아무도 없습니다. 동물들도 마찬가지입니다. 감이나 도토리는 씨가 완전히 여물지 않았을 때, 새나 다른 동물에게 먹히는 것을 방지하는 방법으로 '타닌'이라는 맛없는 화학물질을 만들어 과일에 보존한다고 생각됩니다.

떫은 맛이란 바로 타닌 성분 때문입니다. 감과 도토리에는 유난히 많은 양의 타닌이 포함되어 있지만, 다 익으면 다른 성분으로 변화되어 떫은맛은 사라집니다. 타닌 성분은 녹차, 포도주, 석류, 양딸기 등에도 소량 포함되어 있습니다.

타닌은 단백질을 오그라들게 하는 화학적 성질이 있습니다. 입안의 부드러운 조직은 단백질로 구성되어 있으므로 타닌이 들어가면 떫은 기분이 들지요. 그러나 인체에 해를 주지는 않습니다.

원시시대의 사람들은 동물의 가죽

<사진 50> 익지 않은 도토리에는 더욱 많은 양의 타닌이 포함되어 있습니다.

으로 만든 옷을 입었습니다. 그 때부터 사람들은 가죽에 타닌을 바르면 가죽이 질겨지고 오래 간다는 것을 알고 있었습니다. 이것을 '무두질'이라 하는데, 무두질하지 않은 가죽은 빨리 상해버립니다. 그 이유는 타닌이 세균을 죽이는 항균작용이 있어 세균에게 침범당하는 것을 막아주기 때문입니다.

포도주에서 떫은맛이 나면 싫어하는 사람이 있습니다. 그러나 포도주 속의 타닌은 혈관 내부 벽에 지방질이 붙는 것을 막아주는 작용이 있다 하여, 타닌이 많이 포함된 적포도주를 즐겨 마시는 사람도 있습니다. 타닌은 염료와 의약품의 원료로 사용하기도 합니다.

질문 51.
음료수나 과자 등에 넣는 인공색소는 인체에 안전한가요?

음료수, 아이스크림, 빙과, 사탕, 과자, 떡, 케이크, 단무지 등은 고운 색을 넣어 맛이 좋아 보이도록 만듭니다. 이처럼 식품에 첨가하는 색소를 '식품첨가색소'(줄여서 '식품색소')라고 합니다. 식품에 넣는 색소는 '천연색소'와 '인공색소' 두 가지로 나눌 수 있습니다. 천연색소는 식물의 꽃이나 과일, 뿌리 등에서 추출한 것이고, 인공색소는 화학적으로 합성한 것입니다.

정부 기구인 식품의약안전청(줄여서 '식약청')에서는 음식에 넣어도 좋은 색소의 종류와 첨가량을 법으로 정하고 있습니다. 왜냐하면 많은 종류의 색소는 암을 일으키거나, 독성이 있어 인체에 해를 줄 수 있기 때문입니다. 때때로 수입된 식품에 유해 색소가 들어 있어 사회문제가 되기도 하지요.

식물에서 얻은 천연색소라고 하여 무조건 다 무해한 것은 아닙니다. 어떤 식물의 색소는 독성이 있으니까요. 법으로 허가된 식품색소일지라도, 사람

<사진 51> 음식에 고운 색을 넣어 만들면 보기에도 좋고 더 맛있어 보입니다.

에 따라 알레르기 반응을 일으켜 두드러기가 나거나, '아토피'라는 피부병을 일으키거나, 심한 기침이 나게 합니다.

제약회사에서는 알약만 아니라 물약에도 인공색소를 혼합합니다. 많은 사람들은 흰색이나 검은색 약보다 노란색, 붉은색, 보라색 등의 약이 더 효과가 좋을 것 같은 기분을 느낀다고 합니다.

 질문 52.
양파 껍질을 까면 어떤 물질이 있어 눈물이 나게 되나요?

양파의 껍질을 까거나 칼로 썰면, 강한 자극성 냄새와 함께 눈물까지 흘리게 됩니다. 이것은 이 식물 속에 포함된 '알리신'이라는 화학물질 때문입니다. 알리신은 유황 성분을 포함한 물질로서 박테리아나 곰팡이를 죽이는 강한 살균력을 가지고 있습니다.

양파의 세포 속에는 '알린'이라는 물질이 들어 있는데, 알린 자체는 눈을 자극하지 않습니다. 그러나 양파를 칼로 자르거나 하여 세포를 파괴하면, 세포액 속에 포함된 효소(알리나제)의 작용으로 알린은 산소와 화합하여 알리신으로 변합니다. 알리신은 열에 약하여 요리를 하면, 분자가 파괴되면서 살균력과 자극성이 없어집니다.

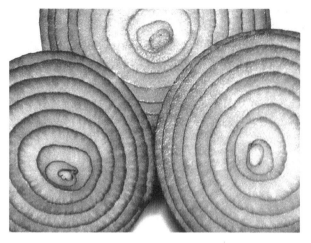

<사진 52> 양파를 썰 때 눈물이 나는 것은 양파 즙에 포함된 알리신이라는 자극성 물질이 눈에 튀어든 때문입니다.

알리신은 양파 외에 마늘, 파, 부추 등의 식물에도 포함되어 있으며, 이 물질은 식물의 뿌리가 부패하지 않고 오래 보존되도록 할 뿐만 아니라, 자극성이 강해 다른 동물들이 먹어버리는 것을 막아주기도 합니다. 또한 알리신은 혈액이 잘 응고하지 않도록 하기 때문에 혈액순환을 돕기도 하는 것으로 알려져 있습니다.

질문 53.

고추는 왜 매운 맛이 나고, 먹으면 콧물과 땀까지 흘리게 하나요?

고추 속에 포함된 매운 맛의 주인공은 '캡사이신'이라는 단백질의 일종입니다. 캡사이신에는 화학적으로 비슷한 종류가 몇 가지 알려져 있으며, 오늘날에는 인공적으로 합성하기도 합니다.

과학자들은 고추의 매운 맛에 대해 오래 전부터 궁금해왔습니다. 캡사이신이라는 화학명은 1846년경에 얻은 것이랍니다. 이 물질은 입안이나 눈의 점막에 있는 신경을 심하게 자극하여 뇌가 불에 덴 듯 한 통증을 느끼도록 하는데, 온 입안이 얼얼하며, 땀과 콧물을 흘리면서 혈색까지 붉어지게 합니다. 매운 고추를 잘 먹는 사람도 있지만, 많은 사람은 매운 맛에 견디지 못하고 금방 뱉어버립니다.

<사진 53> 고추에는 캡사이신이라는 물질이 들어 있어 매운 맛을 냅니다. 고추의 종류에 따라 캡사이신이 포함된 양이 다릅니다.

캡사이신은 가지과식물인 고추 종류에 포함되어 있습니다. 일부 종류의 고추는 캡사이신을 전혀 포함하지 않기도 하고, 어떤 종류는 다른 종류에 비해 수만 배나 강한 매운 맛을 가지기도 합니다. 이런 식물의 매운 맛은 인체에 심한 고통을 주는 강력한 화학무기가 될 수 있습니다. 일반 사람들은 매운맛이 고추의 씨에 많이 들었다고 생각하는데, 사실은 씨가 매달리는 부분(태좌라고 부름)에 다량 포함되어 있고, 씨에는 없습니다.

매운 맛은 입맛을 돋게 하고 소화액을 잘 분비하도록 자극하는 작용이 있습니다. 캡사이신의 자극을 받은 뇌는 엔도르핀을 분비(활발하게 운동할 때도 생겨남)한답니다. 우주비행을 하면서 음식을 좀 더 맛있게 먹기 위해 비행사들도 매운 소스(핫소스)를 싣고 간답니다. 캡사이신은 물에는 잘 녹지 않고 기름 성분에 잘 녹습니다. 그래서 핫소스는 캡사이신을 기름에 녹여 만든답니다.

흥미롭게도 새들이 쪼아 먹고 변으로 배출된 고추의 씨는 땅에 뿌렸을 때 발아를 하지만, 사람이나 포유동물이 먹은 씨는 싹이 트지 못한답니다. 아마도 고추라는 식물의 선조는 그 열매가 포유동물에게 먹히면 씨가 소화액에 녹아 자손을 퍼뜨릴 수 없으므로, 매운 캡사이신으로 그들에게 먹히지 않도록 했다고 생각됩니다.

고춧가루와 고추장은 한국인의 오래된 전통음식으로 대부분 알고 있습니다. 그러나 원래 고추는 중앙아메리카와 남아메리카가 원산지랍니다. 유럽의 항해자들이 아메리카 대륙을 탐험했을 때, 그곳 원주민들이 매운 고추를 먹는 것을 보고, 유럽으로 가져와 재배하기 시작했습니다. 고추가 우리나라에 전해진 때는 약 400년 전인 임진왜란 전후였습니다. 그러므로 그 이전에는 고추장도 없고, 김치는 있어도 고춧가루를 넣지 않는 것이었습니다.

질문 54.
추잉검은 어떻게 만드는가요?

맛과 모양을 다양하게 만든 검을 팔지 않는 곳은 세계 어디에도 없습니다. 많은 사람들이 검에 들어 있는 달콤한 맛과 향기와 씹는 즐거움을 좋아합니다. 검의 원료는 주로 '마닐카라 치클'이라 부르는 중앙아메리카에서 자라는 상록수의 수피에서 추출한 끈끈한 수액 성분입니다. 이 수액에서 검 원료를 순수하게 걸러낸 것을 보통 '치클'이라 하지요. 원유 속에 포함된 물질을 화학반응시켜 '합성 치클'을 만들기도 하지만, 이것은 자연 치클만큼 질이 좋지 못한데, 값이 싸므로 많이 이용됩니다.

오늘날과 같은 형태의 검은 1860년대에 처음 만들어졌습니다. 치클은 달라붙는 끈끈이 성질이 있지요. 만일 이런 부착성이 없다면 얼마 씹지 않아 가루가 되든지, 변질하여 오래 씹을 수 없는 검이 될 것입니다. 치클에 설탕, 인공 감미료, 박하 향, 계피 향, 과일 향 등을 혼합하여 검을 만들지요. 입으로 불면 얼굴보다 큰 풍선이 만들어지는 풍선 검은 고무질 성분을 더 많이 넣은 것이랍니다. 치클은 기온이 낮으면 단단해지고, 더우면 물렁해지는 성질이 있습니다.

씹는 동안 단맛이 다 빠지고 향긋한 향기까지 사라지고 난 검은 아무리

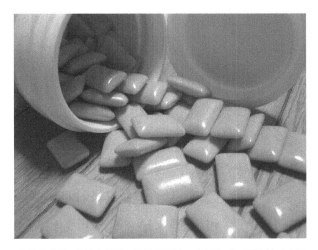

<사진 54> 마닐카라 치클이라는 나무 수피에서 나오는 수액에서 고무 성분을 뽑아내어 검의 원료인 치클을 만듭니다.

맛없는 고무 덩어리가 됩니다. 이럴 때 껌을 아무데나 뱉는다면, 길에 떨어진 껌은 신발 바닥에 붙거나 옷에 붙어 다른 사람의 기분을 상하게 합니다. 그러므로 씹던 껌을 함부로 뱉는 것은 실례가 되는 행동입니다. 꼭 휴지로 싸서 버려야만 하지요.

사람들이 껌을 좋아하는 일반적인 이유는 식사 시간 사이에 입을 즐겁게 하기도 하지만, 껌을 씹으면 집중력을 높여주고, 지루함을 들어주기도 하며, 마음을 안정시키는 효과가 있기 때문입니다. 껌을 씹다가 그만 삼키는 경우가 있습니다. 그러나 껌은 소화되지 않고 변과 함께 배설되므로 염려할 필요는 없습니다.

질문 55.
초콜릿은 무엇으로 어떻게 만드는가요?

초콜릿이라고 하면 우리는 코코아도 생각합니다. 코코아는 초콜릿의 원료를 건조하여 가루로 만든 것의 이름입니다. 초콜릿의 원료는 카카오라는 나무의 열매에서 추출합니다. 카카오는 브라질, 가나, 나이제리아 등 더운 지방에서 잘 자라며, 다 자라면 키가 7m 정도 됩니다. 나무 하나에 길이 20cm 안팎의 아몬드를 닮은 꼬투리가 20~40개쯤 달립니다. 이런 꼬투리를 쪼개면 안에서 20~60개의 씨가 나옵니다.

<사진 55> 초콜릿은 코코아나무 꼬투리 내부에 든 씨에서 추출한 코코아 버터를 주원료로 만듭니다.

꼬투리를 칼로 쪼갠 것을 쌓아두고 거적이나 나뭇잎을 덮어 1주일 정도 숙성시키면 씨(코코아 콩이라 부름)만 골라낼 수 있습니다. 이것을 햇빛에 말리고 깨끗이 하여 초콜릿 공장으로 보냅니다.

초콜릿 공장에서는 코코아 콩을 볶은 뒤 껍질을 벗기고 가공하여 코코아 버터를 만듭니다. 코코아 버터는 지방질이 약 54퍼센트 포함되어 있습니다. 코코아 버터를 만들고 남은 것을 가루로 만들면 '코코아 가루'가 됩니다.

초콜릿은 이 코코아 가루와 코코아 버터를 주원료로 하여, 여기에 설탕과 향료와 우유 등을 적절히 배합하여 다양하게 만들지요. 설탕을 넣지 않은 코코아의 맛은 쓰답니다. 초콜릿은 대개 진한 갈색인데, 어떤 것은 흰색으로 만듭니다. 코코아 향기가 적은 흰 초콜릿은 코코아 버터만으로 제조한 것이고, 진한 갈색 초콜릿은 코코아 가루를 섞은 것이랍니다. 진한 갈색 초콜릿에는 커피에 든 것과 같은 카페인이 상당량 포함되어 있습니다. 그러므로 초콜릿을 많이 먹고 나면 잠이 잘 오지 않기도 합니다.

질문 56.
커피 속의 카페인은 어떤 물질이며, 카페인 없는 커피는 어떻게 만드나요?

전 세계인의 3분의 1이 커피를 마신다고 합니다. 커피는 커피나무의 열매를 볶아서 만듭니다. 커피나무 열매 볶은 것을 보통 '원두'

<사진 56-1> 커피나무의 열매를 볶으면 사진과 같은 커피 원두가 됩니다.

라고 부르지요. 원두는 본래 검은색이 아닙니다. 씨를 볶는 동안 내부에 포함된 설탕 성분이 커피색으로 변한 것입니다. 흰 설탕을 뜨겁게 열하면 차츰 갈색으로 변하는 것과 똑같은 이유입니다.

원두 속에는 카페인이라는 화학물질이 포함되어 있습니다. 카페인은 화학명으로 '알칼로이드'라고 부르는 물질에 속합니다. 카페인은 신체의 신경계가 '아드레날린'이라는 호르몬을 분비토록 하여, 심장 박동을 빠르게 하고 정신이 깨어나게 하는 작용을 합니다. 커피 마시기를 좋아하는 사람들은 습관적으로 그 향기와 맛을 즐깁니다. 그러나 커피를 많이 마시면 신경 과민이 되게 합니다.

의사는 사람에 따라 커피를 마시지 않도록 권합니다. 그럴 때 많은 커피 애호가들은 카페인을 제거한 커피를 구한답니다. 카페인 없는 커피는, 원두를 화학적으로 처리하여 만듭니다. 원두에다가 메틸렌 클로라이드(또는 에틸 아세테이트)라는 약품을 처리하면, 카페인 성분이 이 물질과 결합하여 공기 중으로 증발해버린답니다. 이 외에 카페인을 없애는 방법은 몇 가지 더 알려져 있습니다.

<사진 56-1> 커피나무의 원산지는 에티오피아입니다. 15세기에 이집트를 거쳐 아라비아, 이탈리아, 유럽을 거쳐 북아메리카에 소개되었습니다. 오늘날에는 브라질, 베트남, 콜롬비아가 최대 수출국입니다.

질문 57.
설탕은 왜 단맛이 납니까?

단맛이 나는 음식에는 사탕수수 즙, 엿, 감주, 꿀, 과일즙, 콘 시럽, 감초 즙 등이 있습니다. 이들이 가진 단맛을 가진 것은 설탕, 포도당, 맥아당, 과당이라는 단맛을 가진 탄수화물 종류가 포함되어 있기 때문입니다. 식물은 탄소동화작용을 하여 전분(녹말)을 만듭니다. 전분은 단맛이 없지만, 분해되면 달콤한 탄수화물로 되지요.

녹말은 분자가 크기 때문에 그대로는 소화기관에서 흡수하지 못합니다. 그러나 위에서 분해되면, 단맛이 나는 포도당, 맥아당, 과당, 사당(설탕) 등으로 변하여 장에서 흡수됩니다.

단맛이 아주 진한 설탕은 사탕수수나 사탕단풍, 사탕무의 즙에 많이 포함되어 있어, 그 즙을 짜서 건조하여 만듭니다. 설탕의 화학적인 상태(구조)는 맥아당 1분자와 과당 1분자가 결합하고 있지요. 사탕수수의 대를 수확하여 그에 포함된 즙을 짜서 졸이면 검은색 설탕이 됩니다. 이것을 잘 정제하면 흰 설탕이 되고, 더 순수하게 만들면 수정처럼 투명한 얼음사탕이 됩니다.

밥을 오래 씹으면 약간 달콤한 맛이 납니다. 이것은 밥의 녹말(탄수화물)이 침 속의 효소에 의해 맥아당(麥芽糖)으로 변한 때문입니다. 이 맥아당은 포도당(글루코스) 분자가 2개 결합하고 있습니다. 맥아당의 단맛은 설탕의 절반을 조금 넘을 정도입니다. 감주(식혜)가 달콤한 것도 엿기름(맥아라고 부르는 보리를 싹틔운 것) 속에 포함된 효소가 밥을 분해하여 맥아당으로 만들었기 때문입니다. 엿은 감주를 장시간 졸여 만듭니다. 엿

〈사진 57〉 꿀에는 과당이 많이 포함되어 있어 설탕보다 더 단맛이 납니다.

을 만들어가는 도중에 아주 끈끈한 액체가 된 것을 조청이라 하지요.

설탕과 맥아당은 포도당으로 변하여 영양분으로 이용됩니다. 환자의 혈관에 직접 넣어주는 포도당 주사는 바로 영양분이 되지요. 과일의 단맛이라든가 달콤한 고구마, 양파, 꿀 등에는 '과당'이라는 포도당과 화학 구조가 비슷한 당분이 포함되어 있습니다. 과당은 설탕보다 단맛이 거의 2배나 강한데, 꿀이 유난히 단 것은 꽃의 꿀샘에 과당이 많이 들었기 때문이지요.

질문 58.
인공감미료에는 어떤 것이 있나요?

화학물질 중에 단맛이 나면서 음식이 아닌 것에 사카린과 글리세린이 있습니다. 글리세린은 인체에 안전하다고 할 수 없습니다. 그러나 화학적으로 합성하는 '사카린'은 설탕보다 단맛이 거의 300배나 강하면서, 영양가는 없고 인체에 별다른 영향이 없는 것으로 알려져 있습니다. 때문에 사카린은 추잉검과 콜라에 넣기도 하고, 당뇨환자의 감미료로 사용합니다. 사카린 같은 것을 '인공감미료'라고 합니다.

인공감미료는 당뇨 환자나 비만한 사람들의 입맛을 위해 여러 가지가 개발되어 있습니다. 사카린 외에 아스파르탐, 슈크랄로스, 네오탐, 아세술팜 포타슘, 자일리톨 등이 잘 알려져 있습니다. 인공감미료 중에는 인체에 다소 해가 있다고 의심을 받는 것이 있습니다. 1981년에 개발된 아스파르탐은 설탕보다 약 200배 단맛을 가집니다. 자일리톨이라는 인공감미료를 넣은 검이 판매되는데, 자일리톨은 설탕과 달리 충치 발생에 영향을 주지 않는 것으로 알려져 있습니다.

질문 59.

인공 조미료(화학 조미료)는 어떻게 만든 것인가요?

사람의 입은 단맛, 짠맛, 쓴맛, 신맛, 매운맛 등을 느낍니다. 어머니가 국이나 찌개를 끓일 때 넣는 재료로 다시마와 멸치가 있는데, 다시마와 멸치가 내는 독특한 맛은 5가지에 포함되지 않는 좋은 맛입니다.

일본의 화학자 이케다 기쿠나에 교수는 1907년에 다시마에 어떤 물질이 있기에 음식 맛을 좋게 하는지 연구하기 시작하여, 그것이 '글루탐산나트륨'(흔히 'MSG'라고 부름)이란 것을 알았습니다. 글루탐산은 아미노산 종류의 하나이고(질문 67 참조), 여기에 나트륨이 결합된 물질이었습니다. 그는

<사진 59> 조미료는 음식에 조금만 넣어도 맛이 좋아집니다.

콩의 단백질을 화학적으로 처리하여 글루탐산나트륨을 합성하는데 성공하자, 그것을 상품화하여 '아지노모도'라는 이름으로 판매하게 되었습니다. 이 최초의 인공 조미료는 음식에 조금만 넣으면 맛이 훨씬 좋아졌습니다. 우리나라에서도 '미원', '미풍'이라는 상품명으로 판매되지요.

1950년대에는 박테리아를 이용한 발효법으로 이 조미료를 더 쉽게 대량생산하게 되었습니다. 그러나 1960년 후반에 이 물질을 쥐에게 주사하면, 쥐의 뇌와 신경 활동에

지장이 생긴다는 한 연구 보고가 나왔습니다. 그러자 일부 사람들은, 그렇다면 인간의 뇌에도 나쁜 영향을 줄지 모른다는 염려를 하게 되었습니다. 이때부터 일부 사람들은 인공 조미료를 넣으면 좋지 않다고 고집했습니다.

유해성에 대한 논란이 세계적으로 일어났습니다. 그러나 1986년에 미국의 식품안전국(FDA)은 이 물질이 인체에 해롭다고 인정할만한 증거가 없는, 안전한 물질이라고 규정했습니다. 글루탐산나트륨의 주성분인 글루타민은 인체에 필요한 영양분이며, 모유 속에도 포함되어 있습니다.

글루탐산나트륨이 나온 이후 다랑어, 참치, 조개, 멸치, 닭 뼈, 쇠고기 등을 농축한 조미료가 여러 가지 개발되었습니다. 유해성 논란은 아직 남아 있지만, 오늘날 많은 가정과 식당에서 음식 맛을 더해주는 인종 조미료를 사용하고 있습니다.

질문 60.
알코올 어떻게 만들며, 인체에 어떤 영향을 주나요?

알코올은 탄소, 수소, 산소로 이루어진 화학물질입니다. 술의 주성분은 알코올이지만, 거기에 포함된 성분과 향료의 차이에 따라 여러 종류가 있습니다. 사람이 마시는 알코올은 그 중에 '에틸알코올'이라 부르는 것입니다.

술은 인체에 약이 되는 동시에 나쁜 약이 될 수도 있는 물질입니다. 인류가 술을 만드는 방법을 알게 된 역사는 언제라고 추측하기 어렵도록 오래됩니다. 수천 년 전, 인류는 과일에 꿀과 곡물을 넣고 물을 부어 죽탕을 만든 뒤, 그것을 항아리에 담아 태양 아래에 놓아두면 발효가 일어나 술이 된다는 것을 알았습니다.

탄수화물이 풍부한 죽탕에 먼지처럼 날아다니던 이스트(곰팡이류의 하등식물)가 떨어지면, 이스트는 그 영양을 섭취하여 증식하면서 탄수화물을 알코올과 이산화탄소로 변화시킵니다. 이스트의 세포 속에 알코올 성분이 많이 생겨나면, 알코올은 이스트의 세포막을 빠져 나와 죽탕의 물 속에 퍼지게 됩니다.

시간이 얼마큼 지나면 죽탕에는 알코올이 점점 많아져 농도가 12~18 퍼센트에 이릅니다. 이렇게 알코올

<사진 60> 포도나 과일에 포함된 당분이나 곡물의 탄수화물은 이스트가 분비하는 효소에 의해 알코올로 변화됩니다. 포도 껍질에 먼지처럼 하얗게 붙은 것은 자연의 이스트입니다.

농도가 높아지면 이스트는 자신이 만든 알코올 속에서 생명을 다하고 가라앉게 됩니다.

술을 마시면, 알코올 성분은 목의 점막이라든가 위, 작은창자의 벽을 통해 흡수되어 혈액 속으로 들어갑니다. 만일 공복 상태에 술을 마신다면 알코올은 짧은 시간에 혈액으로 들어가 온몸으로 퍼지게 되지요. 혈액에 소량의 알코올이 포함되면 활동을 촉진하는 자극제가 되지만, 많은 양이 공급되면 신경세포의 활동에 지장이 생깁니다. 또한 근육이 정상적으로 협동하여 움직이지 못한 탓으로 걸을 때 중심을 잡지 못해 비틀거리게 됩니다. 말을 하면 혀와 입술이 제대로 움직이지 않아 발음도 정상으로 나오지 못합니다.

이런 상태의 몸으로 차를 운전한다면 사고를 내고 맙니다. 술을 계속해서 마신다면 몸의 반응 속도가 점점 느려지고 나중에는 의식을 잃어버리게 됩니다. 술을 절제하지 않고 마시면, 건강을 해치고 중독증상이 생겨 정상적으로 사회생활을 하지 못하게 됩니다.

질문 61.

술의 성분인 알코올은 어떻게 세균을 죽일 수 있으며, 인체에는 해가 없나요?

일반적으로 술은 쌀, 밀, 옥수수 등의 곡물(전분)에 이스트(효모)를 번식시켜 제조합니다. 효모에서 나온 효소는 전분을 당분으로 변화 시키고, 당분은 다시 알코올로 변화되도록 합니다. 이것을 '알코올 발효'라고 말하지요. 알코올 발효 방법으로 최고 15%의 알코올이 포함된 술을 만들 수 있습니다. 그러나 알코올의 농도가 이보다 더 높아지면, 효모가 살기 어려운 환경이 되어 더 이상 발효작용을 하지 못하게 됩니다.

이렇게 만들어진 술을 데우면, 알코올 성분이 먼저 증발하여 나오므로, 이것을 모아 냉각시키면 농도가 진한 술이 됩니다. 알코올의 농도가 50퍼센트 이상 되는 술은 불을 붙이면 약간 푸른빛을 내며 타게 되지요.

알코올은 무색이면서 독특한 냄새를 가지고 있으며, 훌륭한 연료가 되기도 합니다. 오늘날에는 석유화학공장에서 알코올을 화학적으로 합성하기도 합니다. 알코올은 탈 때 많은 열을 내기 때문에 자동차의 연료로 쓰기도 합니다. 훗날 석유가 충분하게 생산되지 않는 날이 오면 알코올 연료를 이용해야 할 것이라고 과학자들은 생각합니다. 현재도 일부 나라에서는 옥수수를 발효시켜 만든 알코올을 자동차 연료로 사용하기도 합니다.

알코올은 뇌의 중추신경을 자극하여 기분을 변화시키기 때문에, 아득한 옛날부터 사람들은 여러 종류의 술을 만들어 마셔왔습니다. 술 속의 알코올 농도는 종류에 따라 다르지만, 만일 농도가 너무 진한 술을 마신다면, 인체의 세포도 세균처럼 지장을 받습니다. 농도가 진한 알코올을 맨손으로 장시간 만지면 피부가 거칠어지는 것으로 짐작할 수 있습니다.

주사를 맞을 때 의사는 알코올을 적신 솜으로 피부를 문질러 살균을 하

<사진 61> 포도주는 약 6,500년 전부터 만들어 마셔 왔으며, 오늘날의 포도주는 알코올 농도가 10~20퍼센트입니다.

고 그 자리에 주사바늘을 찌릅니다. 약국에서 파는 소독용 알코올은 농도가 약 80퍼센트인데, 이 농도가 세균이나 곰팡이, 바이러스 등을 죽이는데 가장 효과적입니다. 알코올은 박테리아의 단백질을 파괴하는 동시에 지방질을 녹여버리기 때문에 살균효과를 냅니다. 그러나 세균의 포자는 단단한 막으로 싸여 있어 죽이지 못합니다.

알코올 종류에는 여러 가지가 있는데, 사람이 마시고, 소독에 쓰는 것은 '에틸알코올'입니다. 그러나 화학적으로 합성하는 '메틸알코올'을 실수로 마시게 된다면 시력을 잃게 되고 죽을 수도 있습니다.

질문 62.
설탕은 물에 잘 녹지만 쌀이나 두부, 생선, 소고기 등은 왜 물에 녹지 않습니까?

물이라든가 알코올과 같은 물질은 분자를 구성하는 원자의 수가 수백 개 이하로 적어 '저분자 화합물'이라 합니다. 반면에 생물체의 몸을 구성하는 전분이라든가 지방질, 단백질, 섬유질, 합성섬유 등은 수많은 원자들이 모여 하나의 분자를 이루기 때문에 '고분자화합물'이라 하지요.

고분자화합물은 물에 잘 녹지 않는 성질을 가졌습니다. 전분도 고분자 화합물이므로 냉수 속에서는 녹지 않습니다. 그러나 뜨거운 물에 넣으면 녹아

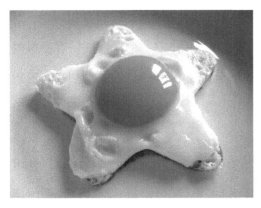

<사진 62> 계란의 흰자는 분자 크기가 작으므로 물에 녹아 액체 상태로 있습니다. 그러나 열을 주면 굳어져 흰색으로 변합니다.

서 '전분 풀'이라고 하는 끈끈한 액체로 됩니다. 전분 풀은 창호지를 바를 때나 빨래에 풀을 먹일 때 사용합니다.

우리의 소화기관은 고체 상태로 있는 전분, 지방질, 단백질은 흡수하지 못합니다. 그러나 이들 영양소에 소화효소가 작용하여 크기가 작은 분자로 분해되면, 물에 녹으므로 장은 흡수할 수 있습니다.

예외로, 계란의 흰자는 단백질인데도 물에 녹아 투명한 액체 상태로 있습니다. 계란의 흰자는 '알부민'이라 부르는 단백질인데, 단백질 중에 분자의 크기가 가장 작기 때문에 물에 녹습니다. 그러나 이 알부민도 열을 주면 흰색으로 굳어서 물에 녹지 않는 상태로 변합니다.

질문 63.
위장에서는 음식을 소화하는 화학반응이 어떻게 일어납니까?

우리는 아침을 잔뜩 먹었는데도 4,5시간 지나면 다 소화되어버리고 시장기를 느낍니다. 위가 이렇게 음식을 잘 소화시키는 것은 위장에서 분비되는 소화효소 덕분입니다. 위장이란 목구멍으로 넘어온 음식을 죽처럼 만들어 장에서 흡수되기 좋도록 만드는 놀라운 화학반응 장소입니다. 위장에서 소화가 일어날 수 있는 것은, 위 벽에서 소화액이 분비되기 때문인데, 하루 동안에 약 6컵이나 되는 소화액이 나온답니다.

위장에 나오는 소화액의 주성분은 염산입니다. 염산은 화학방응이 얼마나 강한지, 금속인 아연 조각을 염산에 넣으면 금방 녹아버릴 정도입니다. 실험실에서는 염산이나 황산을 매우 조심스럽게 다룹니다. 왜냐하면 잘못하여 염산이 피부에 닿으면 화상을 입은 듯이 심하게 상하기 때문입니다. 만일 염산 한 방울이 옷에 떨어진다면 그 자리의 천도 녹아 커다란 구멍이 뚫리고 맙니다.

염산(HCl)이란 '염소'(Cl)와 '수소'(H)가 결합한 물질입니다. 위장에서 분비되는 염산은 음식(탄수화물과 지방)만 녹이는 것이 아니라, 위 안에 들어온 세균을 모조리 죽이기도 합니다. 위 안에는 염산과 함께 '펩신'이라 부르는 단백질을 분해하는 소화효소도 다량 분비됩니다.

우리가 음식을 씹어 목구멍으로 넘기면, 신경(미주신경)이 자극을 받아 혈액 속에 '가스트린'이라는 호르몬이 들어가도록 하고, 가스트린은 위벽에서 수소와 염소가 결합하여 염산이 생겨나도록 작용합니다. 한편 위벽에서는 '펩시노겐'이라는 물질이 분비되는데, 이것에 염산이 작용하면 강력한 단백질 소화효소(펩신)로 변합니다.

질문 64.
소화액으로 분비된 염산이나 펩신이 위장의 벽은 왜 소화시키지 않습니까?

소고기나 생선의 주성분은 단백질입니다. 위장의 벽도 단백질입니다. 그러므로 소화효소로 가득한 위 벽은 다른 음식과 함께 소화효소에 의해 녹아야 할 것입니다. 그러나 위장의 벽은 끈끈한 점액이 두텁게 덮고 있어, 소화액과 위 벽이 서로 접촉하지 못합니다. 소화기관 벽을 보호하는 점액은 끊임없이 재공급되어 위벽을 지켜주고 있지요. 그러나 인간이 죽으면, 위벽에서 점액이 더 이상 분비되지 않기 때문에, 위 벽도 소화효소에 분해되고 맙니다.

위벽에서는 염산이 분비되는 동시에, 소화 작업이 끝나면 염산의 역할이 멈추도록 중화시키는 물질도 분비된답니다. 침(타액)에는 '프티알린'이라는 소화 효소가 들어있는데, 염산은 이것보다 100만 배나 소화력이 강하답니다. 프티알린은 '알파-아밀라제'라고도 불리며, 침샘에서 생산되어, 음식을 씹는 동안에 침과 고르게 섞이면서 탄수화물을 소화시키는 작용을 합니다.

질문 65.

발효시킨 음식은 왜 썩지 않나요?

만일 공장에서 곡식을 이용하여 알코올을 생산하려면, 엄청난 양의 약품과 열이 필요하고, 그 과정도 복잡하며 시간과 노력이 많이 들 것입니다. 그러나 포도즙이나 삶은 곡식에 이스트(효모)를 섞어 두면, 아무런 약품이나 열을 주지 않아도 알코올이 만들어져 나옵니다.

곡식이나 과일즙, 우유, 야채, 생선(해산물) 등에 미생물을 증식시켜 더 맛있고, 영양가 좋으며, 씹기 편하고 소화가 잘 되며, 보존이 오래가도록 변화시키는 것을 '발효'라고 하며, 발효에 의해 만들어진 음식을 '발효식품'이라 합니다.

우리가 거의 식사 때마다 먹는 김치, 된장, 버터, 치즈, 젓갈 등은 대표적인 발효식품입니다. 이러한 발효식품의 역사는 수천 년이랍니다. 콩을 삶아 그대로 두면 금방 부패해버립니다. 그러나 소금을 섞어 공기와 접촉하지 않도록 장독에 넣어 보존하면 된장이라는 발효식품이 되지요.

김치 — 야채를 적당한 양의 소금과 함께 절여두면, 소금기가 적당히 있어야 잘 사는 유산균이 증식하면서 효소를 분비하여 독특한 맛과 향기가 나는 김치로 변화시킵니다. (김치가 시어지는 이유는 질문 70 참조)

된장, 간장, 고추장 — 콩을 삶아 메주를 만들어 달아두면, 거기에 여러 가지 미생물이 살게 됩니다. 이런 메주를 적당한 농도의 소금물과 함께 항아리에 넣어두면, 나쁜 균은 살지 못하고, 소금물 속에서 살 수 있는 바실러스 균이 증식하면서 효소를 분비하여 영양가가 높고 맛 나는 된장이 되게 합니다. 발효된 된장은 단백질이 아미노산으로 변화되어 있어, 훨씬 맛이 좋고 소화가 잘 되는 식품입니다.

젓갈 — 생선과 새우, 조개 등의 해산물에 적당한 양의 소금을 넣어 시원한 곳에 보존하면, 소금기 속에서 살 수 있는 세균이 증식하여 해산물의 단백질과 지방질을 분해하여 젓갈이 되게 합니다. 만일 소금을 넣지 않는다면 젓갈이 되지 않고 부패하게 됩니다.

치즈 — 소나 양의 젖에 미생물을 증식시켜 만든 발효식품입니다.

공기 중에는 이런 발효 작용을 하는 미생물이 무수히 날아다니고 있습니다. 그러므로 따로 미생물을 배양하여 넣지 않아도 자연적으로 발효가 일어납니다. 단, 다른 잡균이 살지 못하게 하려면(부패하지 않게 하려면) 적당한 농도의 염분과 온도를 유지해주고, 발효하는 동안 공기와 접촉하지 않도록 해야 좋은 결과가 됩니다. 발효 음식이라도 오래 두면 다른 세균이 들어가 부패하기도 합니다.

<사진 65> 한국인의 식탁에는 김치를 비롯하여 여러 종류의 발효식품이 오릅니다.

질문 66.

복어에는 어떤 독소가 있어 사람을 죽게 하나요?

복어는 독어로도 잘 알려져 있지만, 위험을 느끼면 순식간에 자기 몸을 공처럼 부풀려 크게 보이도록 하는 물고기로 유명합니다. 복어가 이처럼 자신을 크게 만들 수 있는 것은 위가 극단적으로 팽창할 수 있기 때문인데, 물속에 있을 때는 위에 물을 가득 채우고, 수면 밖으로 나왔을 때는 공기를 들이킨답니다.

복어의 알과 간, 창자, 혈액, 피부 등에는 '테트로도톡신'이라는 맹독한 물질이 상당량 포함되어 있습니다. 복어 한 마리가 가진 독은 30명의 사람이 죽을 정도로 강하답니다. 복어를 그냥 먹으면 혀와 입술이 굳어지고 어지러우며 구토가 납니다. 이어 온몸이 수시고, 심장이 빨리 뛰며, 혈압이 내려가고 온몸의 근육이 힘을 잃습니다.

복어는 전 세계에 약 120종이 살지만 모든 종류가 다 독을 가진 것은 아닙니다. 복어 종류는 열대지방 바다에 많습니다. 복어를 잡아먹은 물고기와 동물은 대부분 생명을 잃지만, 흥미롭게도 뱀상어와 일부 물고기는 독어를 먹어도 죽지 않습니다. 또 수족관에서 키운 복어에게는 독성이 없습니다.

복어가 가진 독 성분은 바다에 사는 어떤 박테리아를 먹기 때문에 생기는 것이라고 생각하고 있습니다.

<사진 66> 복어가 물(또는 공기)을 들이켜 위를 팽창시키면 피부의 돌기가 가시처럼 보입니다.

질문 67.

단백질과 아미노산은 어떻게 다릅니까?

인간이 성장하고 활동하는데 반드시 필요한 탄수화물(녹말), 단백질, 지방질 이 세 가지를 3대 영양소라고 말합니다. 이 가운데 단백질은 우유, 계란, 쇠고기나 돼지고기 및 생선 살코기의 주성분이랍니다. 인체의 근육과 피부는 물론이고, 각종 효소와 호르몬, 혈액 속에서 산소를 운반하는 헤모글로빈, 머리카락, 손톱의 성분은 대부분 단백질입니다.

단백질은 종류에 따라 물에 녹아 액체 상태인 것도 있고, 고체 상태인 것도 있습니다. 식물에서는 콩 종류에 단백질이 풍부하게 포함되어 있습니다. 일반적으로 동물의 몸을 구성하는 단백질은 '동물성 단백질'이라 하고, 식물의 것은 '식물성 단백질'이라 부릅니다. 단백질은 분자가 매우 크답니다. 단백질을 먹으면, 소화기관 속에서 효소의 작용으로 작은 분자로 분해되는데, 이를 아미노산이라 합니다. 아미노산은 분자의 크기가 단백질에 비해 훨씬 작기 때문에 소화기관에서 흡수되고, 혈액을 통해 다른 곳으로 운반될 수 있습니다.

아미노산은 모두 20종류가 있습니다. 생물체의 몸을 구성하는 모든 단백질은 20종류의 아미노산이 다양한 순서와 규모(수천~수만 개)로 결합된 것이지요. 우리 몸은 20종의 아미노산 중에 12종류는 몸 안에서 스스로 만들 수 있으나, 8가지는 그것을 포함하고 있는 음식을 먹어야만 합니다. 이들 8가지 아미노산은 '필수 아미노산'이라 합니다. 생물의 유전자는 어느 아미노산을 어떻게 결합하여 어떤 단백질을 만들 것인가를 결정하는 역할을 하기도 합니다.

우리의 입은 단백질에 대해서는 별달리 좋은 맛을 느끼지 못합니다. 그러나 20가지 아미노산은 맛이 좋게 느껴지며, 각각의 맛은 서로 조금씩 다릅니다. 콩을 발효시켜 간장이나 된장을 만들면 콩의 단백질이 아미노산으로 변화됩니다. 그래서 콩 자체보다 간장이나 된장이 입맛을 냅니다.

<사진 67> 콩은 단백질이 많은 식품입니다. 콩을 발효시키면 단백질은 아미노산으로 변화됩니다.

질문 68.
산성 물질에는 어떤 것이 있으며, 왜 신맛이 납니까?

염산, 황산, 질산, 초산 등과 같이 '산'(酸) 자가 붙은 화학물질은 신맛을 가지고 있습니다. 신맛을 내는 물질을 화학에서는 '산성 물질'이라 합니다. 물에 산성 물질을 넣으면, 분해(전리)되어 수소 이온(+ 전기를 가진 수소 원자)이 생겨납니다. 화학에서는 수소 이온을 H^+로 나타내는데, 이것은 화학반응을 잘 일으키는 최고의 선수이기도 합니다.

산성 물질 중에 염산, 황산, 질산 세 가지는 산성이 특히 강하여 '강산'(强酸)이라 부르는데, 이들은 화학 반응을 매우 잘 일으킵니다. 그러므로 강산에 속하는 물질이 피부에 묻으면 당장 짓무르게 되고, 옷에 떨어지면 삭아서 구멍이 나며, 금속 등에 닿으면 심한 부식을 일으킵니다. 그래서 이들은 모두 유독성 위험물로 취급합니다.

강산은 산화작용이 강하기 때문에 화학공업에서는 매우 중요하게 이용합

99

니다. 만일 진한 황산에 물을 붓는다면 폭발하듯이 반응하므로, 주변에 있는 사람은 부상을 입을 것입니다. 그러므로 실험실에서는 황산을 묽게 할 때, 물에 황산을 한 방울씩 넣고 휘젓기를 반복한답니다.

질산은 빛을 보면 물과 이산화질소와 산소로 자연히 분해됩니다. 그러므로 실험실에서 질산을 보관할 때는 진한 갈색 병에 넣어 햇볕이 들지 않는 곳에 둔답니다.

염산은 플라스틱이나 합성섬유 제조에 대단히 많이 이용됩니다. 염산은 독가스의 원료가 되기도 하지요. 염산의 또 한 가지 놀라운 작용은 우리 위장에서 소화액으로 분비된다는 것입니다. 위에서 분비되는 염산은 음식물을 소화시키는 동시에 함께 들어온 세균까지 소화시켜 죽게 하지요.

질문 69.
식초와 빙초산은 어떻게 다른가요?

옛 선조들은 마시고 남은 술을 며칠 그대로 두면 식초가 되는 것을 알고, 그 방법으로 식초를 만들어 왔습니다. 술이 식초로 된 이유는 술에 포함된 에틸알코올(C_2H_5OH) 성분이 미생물의 작용으로 아세트산(CH_2COOH)으로 변한 때문입니다.

그런데 술 속에 만들어질 수 있는 아세트산의 농도는 높지 않습니다. 음식을 요리할 때 사용하는 식용 식초에는 아세트산 외에 유산, 구연산, 주석산 등도 조금 포함되어 있으며, 이들은 입맛을 좋게 하는 작용을 합니다.

아세트산은 화학공업에서 여러 가지 화학물질의 합성 원료로 중요하게 취급됩니다. 아세트산이 다량 필요할 때는 화학적으로 합성한답니다. '빙초산'이라고 부르는 것은 합성한 순수 아세트산을 말합니다. 여기에 '빙'(氷;

<사진 68> 과일에는 주석산, 구연산, 사과산 등의 약한 산이 포함되어 있습니다.

얼음)이라는 말이 붙은 것은, 순수 아세트 산은 섭씨 16도보다 온도가 낮으면 얼음처럼 단단한 고체가 되기 때문입니다.

산성 물질이지만 탄산, 주석산, 구연산, 인산, 젖산(유산), 사과산, 아세트산 등은 산성의 성질이 약합니다. 그래서 이들 물질은 '약산'이라 부르지요. 과일에서 신맛이 나는 이유는 주석산이나 구연산, 사과산 등이 과육 속에 있기 때문입니다. 김치가 신맛이 나는 것은 유산균이 번성하면서 유산(젖산)이 생긴 결과입니다.

사이다와 같은 음료를 '탄산음료'라고 부르는 것은, 사이다를 만들 때 넣은 이산화탄소가 물과 반응하여 소량의 탄산수소(탄산)가 생긴 때문입니다. 탄산은 신맛이 약하기 때문에 탄산음료를 만들 때는 과일의 구연산이나 주석산을 첨가하여 새큼한 맛이 진하도록 합니다. 청량음료에 넣는 구연산을 과일에서 뽑아내자면 추출하는데 비용이 많이 듭니다. 그러므로 대량생산할 때는 설탕과 같은 당분을 미생물로 발효시켜 얻습니다.

질문 70.

산성식품과 알칼리성식품은 어떻게 구분하나요?

건강식품과 관련된 책에는 산성 식품과 알칼리성 식품에 대한 이야기가 많이 나옵니다. 그런데 식품학에서 말하는 산성 물질과 알칼리성 물질은 화학에서 설명하는 것과 차이가 있습니다. 예를 들어, 매화나무 열매인 매실은 분명히 신맛을 가진 산성인데 알칼리성 식품으로 분류하고 있습니다. 또 신맛이라고는 전혀 없는 미역을 알칼리성 식품으로 분류합니다.

식품에서 알칼리성 식품이라고 하는 것은 화학적으로 알칼리성을 가져서가 아니라, 음식 성분 중에 칼륨이나 칼슘, 마그네슘과 같은 금속 성분이 많이 포함된 것을 말합니다. 그 이유는, 칼슘은 알칼리성인 수산화칼슘으로 변할 수 있고, 칼륨은 수산화칼륨으로, 마그네슘은 수산화마그네슘으로 될 수 있기 때문입니다. 반대로 식품 속에 질소, 황, 인 등 비금속 원소(질문 158 참조)가 많이 들었으면 질산, 황산, 인산과 같은 산성 물질로 변할 수 있으므로 산성 식품이라고 말합니다.

그러므로 질소, 황, 인을 함유한 단백질 식품(육류, 계란, 생선 등)은 산성 식품으로 분류하고, 금속성 무기염류를 가진 야채와 과일, 해초 등은 대개 알칼리성 식품으로 간주하는 것입니다.

<사진 70> 야채는 무기염류가 많으므로 알칼리성 식품으로 분류됩니다.

인체와 동식물의 화학

질문 71.

일산화탄소(CO)는 산소 성분이 포함되었는데도 왜 호흡하면 목숨을 잃게 되나요?

공기 중에는 질소가 약 78%, 산소는 21%, 아르곤 0.94% 그리고 이산화탄소는 0.03%쯤 포함되어 있습니다. 이런 공기를 호흡한 후, 내쉬는 숨에는 질소는 그대로 78%, 산소는 16~17%, 이산화탄소는 4~5%가 포함되어 있습니다. 이산화탄소를 화학기호로 나타낼 때는 CO_2로, 일산화탄소는 CO로 표시하지요.

이산화탄소는 호흡하는 공기 중에 10%나 포함되어 있어도 생명을 위협할 정도는 아닙니다. 그러나 일산화탄소는 0.1%만 섞여 있어도 가스 중독으로 생명을 잃을 수 있습니다. 이산화탄소와 일산화탄소는 같은 원소로 구성되어 있음에도 불구하고 각각의 화학적 성질은 다릅니다. 그 원인은 두 물질의 분자 주변을 돌고 있는 전자의 상태에 차이가 있기 때문입니다.

혈액 속에서 산소를 온몸으로 운반하는 헤모글로빈은 본래 산소와 잘 결합합니다. 그러나 만일 일산화탄소가 있으면 산소보다 일산화탄소와 더 잘 결합하는 성질이 있습니다. 그러므로 잠간 사이에 혈액에는 산소가 부족해져 생명이 위협받게 되지요. 나무나 석탄, 석유 등이 산소가 부족한 상

<사진 71> 산소가 충분히 공급되지 않는 상태에서 불완전 연소하면 일산화탄소가 많이 발생합니다.

태로 연소하면 일산화탄소가 다량 생겨나므로, 실내에서 이들을 연료로 난로를 피울 때는 항상 조심해야 합니다.

소금은 나트륨(Na)과 염소(Cl)가 결합한 염화나트륨(NaCl)입니다. 그러므로 소금의 절반을 차지하는 염소는 없어서는 안 될 원소입니다. 그러나 수소와 염소가 결합한 염화수소(HCl)는 성질이 전혀 다른 독가스가 되고, 이것을 물에 녹이면 염산이 되지요. 일산화탄소와 이산화탄소는 같은 원자로 구성되었으면서도, 단지 산소 원자 하나의 차이에 의해 다른 성질을 갖게 되었습니다.

질문 72.

적혈구를 이루는 헤모글로빈은 어떻게 산소를 운반하고 이산화탄소를 버리기도 합니까?

우리가 몸을 움직이거나 공부할 때 필요한 에너지는 근육과 뇌의 세포에서 만들어집니다. 이때 일어나는 화학반응에는 산소가 필요하고, 그 반응이 끝나면 이산화탄소가 생겨납니다. 혈관 속을 흐르는 적혈구는 폐(물고기는 아기미)에서 산소를 받아 각 세포로 운반하고, 각 세포에서 발생한 이산화탄소는 다시 실어내어 폐에서 버리는 중요한 역할을 합니다. 우리 몸은 이러한 산소 운반 작업이 5분만 중지되어도 생명이 위험해집니다.

혈액 속에서 산소 배달 역할을 하는 적혈구는 도넛 비슷하게 생겼는데, 그 크기는 1,000분의 6mm 정도입니다. 이 적혈구 1개는 약 2억8,000만 개의 헤모글로빈 분자로 구성되어 있습니다. 헤모글로빈 분자는 약 3,000개의 원자로 구성되었으며, 그 중심에는 철(Fe) 원자 1개가 자리 잡고 있습니다. 산

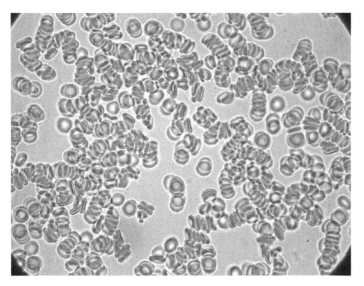

<사진 72> 식물 잎의 엽록소 분자와 적혈구의 헤모글로빈 분자는 모양이 아주 닮았습니다. 사진은 적혈구의 모습입니다.

소는 이 헤모글로빈 분자에 붙어 운반되는데, 1개의 헤모글로빈은 4분자의 산소를 운반합니다.

세포에 산소를 주고 이산화탄소를 받아 나오는 작용은 특수한 효소의 작용으로 일어납니다. 만일 폐 속에 일산화탄소나 독가스가 있으면, 헤모글로빈은 산소와 결합하지 못하고 그들과 결합해버립니다. 만일 공기 중에 0.02%의 일산화탄소가 있으면 두통을 느끼고, 0.1% 이상 있으면 의식을 잃고 생명이 위험합니다. 담배를 피우면 많은 일산화탄소가 폐로 들어갑니다.

인체에서는 적혈구를 만드는 헤모글로빈이 중요하듯이, 식물에서는 광합성을 하는 엽록소가 중요합니다. 흥미롭게도 식물의 엽록소 분자는 헤모글로빈 분자와 구조가 비슷하면서, 그 중심에 철 대신 마그네슘(Mg) 원자가 있답니다.

질문 73.

인간의 위는 초식동물과 달리 왜 섬유소를 소화하지 못하나요?

식물은 탄소동화작용을 하여 섬유소(셀룰로스)와 전분(녹말)을 만듭니다. 쌀, 콩, 감자, 고구마 등에 저장된 것은 대부분 전분이지요. 우리가 이들을 먹으면, 전분은 소화액의 작용으로 분해되어 글루코

<사진 73> 목화의 씨는 흰색의 긴 섬유들이 감싸고 있습니다. 흰 섬유는 거의 순수한 섬유소이며, 이것을 가공하여 면실과 옷을 만들고 있습니다. 목화는 인간의 의복 문제를 해결해준 중요한 식물입니다.

오스('포도당'이라고 흔히 부름)로 변합니다. 전분은 분자가 크고 복잡하지만, 포도당 분자는 작고 간단하여 장의 벽에서 쉽게 흡수되어 혈액 속으로 들어가고, 세포에서 힘과 영양이 됩니다.

식물은 광합성을 하여 전분을 주로 생산하지만 포도당, 과당, 맥아당, 사탕, 젖당 등을 만들기도 합니다. 화학에서는 전분과 섬유소 그리고 이들 당분을 모두 총칭하여 '탄수화물' 또는 '함수탄소'라고 부릅니다.

식물의 줄기나 잎맥이 질긴 것은 섬유소 성분이 차지하고 있기 때문입니다. 식물의 섬유소는 식물 자체의 뼈대가 되어 하늘 높이 가지를 펴면서 자랄 수 있도록 해줍니다. 재목이라든가 펄프, 솜, 지푸라기 등은 거의 전부가 섬유소로 이루어져 있으며, 이들은 포도당과 마찬가지로 탄수화물이지만, 분자의 크기가 더 크고 복잡합니다.

인간의 소화기관에서는 섬유소를 분해할 수 있는 효소가 생산되지 않습니다. 그러나 초식동물(소, 염소, 토끼 등)의 위에서는 섬유소 분해 효소가 나오기 때문에, 그들은 풀만 먹어도 살아갑니다. 나무를 갉아먹는 흰개미도 섬유소를 분해합니다만, 스스로 소화하지는 못하고, 그들의 위 속에 섬유소를 분해하는 미생물이 공생하고 있답니다.

많은 박테리아나 곰팡이, 버섯 등은 섬유소를 잘 분해합니다. 쌓아둔 나무와 잎이 썩거나, 거기에 곰팡이가 피고, 버섯이 자라는 것은, 그들이 섬유소를 분해하는 능력이 있기 때문입니다. 만일 섬유소를 분해할 수 있는 미생물을 효과적으로 이용하는 연구가 이루어진다면, 버려지는 낙엽이라든가

지푸라기, 나뭇가지 등을 분해시켜 당분을 얻고, 그 당분으로부터 알코올이라든가 다른 물질을 생산할 수 있을 것입니다.

질문 74.
페니실린과 같은 항생물질은 왜 세균을 죽이나요?

영국의 과학자 알렉산더 플레밍(1881~1955)은 1928년에 '페니실륨'이라는 곰팡이가 세균을 죽인다는 사실을 발견했습니다. 훗날 이 곰팡이에서 분비되는 화학물질이 무엇인지 알게 된 과학자들은 그것의 이름을 '페니실린'이라 했습니다. 그 후 과학자들은 페니실린처럼 세균을 죽일 수 있는 물질(항생물질)을 분비하는 여러 종류의 미생물을 찾아냈습니다. 그리고 세균의 종류에 따라 항생물질의 성분에도 차이가 있음을 알게 되었습니다. 이후 항생물질은 세균으로 인한 병에 걸리거나, 상처가 곪아 낫지 않는 수많은 사람의 생명을 구하게 되었습니다.

많은 종류의 미생물은 자신이 살기 위해 다른 미생물의 번식을 억제하거나 죽이는 항생물질을 분비합니다. 이러한 물질은 주변에 있는 다른 세균의 몸을 감싸고 있는 세포벽의 단백질을 파괴하여 죽게 합니다. 뿐만 아니라 항생물질은 세균 몸속 물질도 파괴하여 증식하지 못하게 합니다. 그

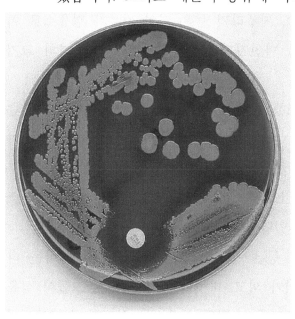

<사진 74> 세균이 잘 자랄 수 있는 배양액 위에서 박테리아가 증식하고 있습니다.

러면서도 자신은 자기가 분비한 항생물질에 대해서는 아무런 지장을 받지 않습니다.

항생물질의 발견으로 인류는 세균의 위협으로부터 상당히 안전할 수 있게 되었습니다. 오늘날 과학자들은 새로운 항생물질을 끊임없이 연구하고 있습니다. 항생물질은 세계의 유명 제약회사들이 다투어 연구하는 의약이기도 합니다.

질문 75.
인체의 이빨은 어떤 성분이기에 그토록 단단한가요?

인체 중에서 가장 단단한 조직은 이빨이고 그 다음은 뼈입니다. 이빨과 뼈는 모두 칼슘과 인이 결합한 인산칼슘이 주성분입니다. 이빨과 뼈 사이에 큰 차이가 있다면, 뼈에는 단백질 성분이 많이 포함되어 이빨보다 탄성이 좋다는 것입니다. 이빨은 뼈보다 단단하지만 탄성이 적은 탓으로 심하게 충격이 가면 사기그릇처럼 깨질 수 있습니다. 반면에 뼈는 굽힘에 대해 다소 탄성을 가지고 있습니다.

인체는 전체적으로 단백질이 주성분인 근육으로 이루어져 있습니다만, 이빨과 뼈는 도자기와 성분이 비슷한 세라믹입니다. 세라믹이란 금속이 아니면서 금속처럼 단단한

<사진 75> 이빨은 사기처럼 단단하며, 잘 부식되지 않습니다. 뼈는 이빨보다는 덜 단단하지만, 탄성을 가지고 있어 쉽게 부러지지 않습니다.

시멘트, 도자기, 흙벽돌, 유리와 같은 물질을 말합니다.

온몸이 부드러운 근육으로 덮인 인체에서 뼈라든가 이빨과 같은 세라믹 물질이 만들어진다는 것은 신비이기도 합니다. 세라믹은 금속처럼 단단하면서 화학물질에 대해 잘 변화하지도 않고, 피부에 알레르기를 일으키지도 않는, 생명체가 합성하는 놀라운 화학제품이기도 합니다.

질문 76.

마취제에는 어떤 것이 있으며, 왜 사람을 마취시키나요?

만일 마취를 하지 않고 이빨을 뽑아야 한다면, 그 아픔을 어떻게 견딜 수 있을까요! 마취제가 없던 옛날에는 고통을 참고 그냥 뽑아야만 했습니다. 전쟁터에서 마취약이 떨어지면 부상자들은 어떤 고통을 당해야 할까요?

의사는 환자를 수술할 때, 상황에 따라 전신을 마취시키거나 수술 부분만을 마취하는 방법(국소 마취)을 씁니다. 전신마취법에는 약물을 코로 호흡하게 하여 의식을 마비시키는 방법이 있고, 약물을 척추에 주사함으로써 고통을 전달하는 신경을 마비시키는 방법이 있습니다.

마취약으로 가장 오래된 것은 양귀비라는 식물에서 추출한 아편과, 코카나무 잎에서 추출하는 '코카인'이 있습니다. 1840년대 이후부터 의사들은 '클로로포름'과 '에테르' 같은 화학약품을 호흡하게 하여 전신 마취제로 사용했습니다. 오늘날에는 '트리클로로에틸렌'이나 '할로테인' 같은 약품을 전신마취제로 사용하는데, 이들은 사용량에 따라 사람의 뇌를 일정 시간 마비시키는 작용을 합니다.

국소 마취약물은 아픈 감각이 신경을 통해 뇌로 전달되지 못하게 차단하

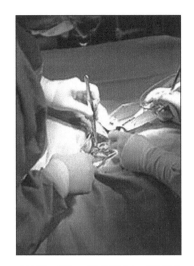

<사진 76> 마취약이 없다면 수술은 참으로 어려운 일이 됩니다.

는 작용을 합니다. 프로카인, 아메토카인, 코카인, 리도카인 등은 잘 알려진 국부마취제입니다. 이러한 마취약들은 그 종류에 따라 마취 시간이 오래가는 것과 빨리 끝나는 것이 있으며, 인체에 부작용이 나타나는 것도 있습니다.

사람들은 두통이나 치통이 나면 진통제를 찾기도 합니다. 진통제를 먹고 아픔이 사라지면, 사람들은 그 약이 아픈 장소로 가서 치료를 해버린 것이라고 생각합니다. 그러나 사실은 그렇지 않습니다. 인체는 어딘가에서 이상이 생기면, 그곳의 세포는 '프로스타글란딘'이라는 화학물질을 생산합니다. 이때 신경세포는 그 물질이 생겨난 것을 뇌에 알리기 때문에 그 자리에서 통증을 느낍니다.

진통제를 먹으면 약 성분은 위장에서 흡수되어 혈관으로 들어가 온몸으로 퍼집니다. 아픈 곳에 도달한 약물은 아픔을 느끼게 하는 프로스타글란딘을 만들지 못하게 합니다. 그러므로 뇌는 통증을 모르게 되지요.

오늘날 마취나 진통 약품은 많은 종류가 알려져 있으며, 마취약을 잘못 사용하면 생명이 위험하므로 매우 조심해야 합니다. 마취과 의사는 수술하는 의사를 도와 마취만을 전문으로 담당하는 중요한 의사입니다.

질문 77.

인체에 치명적인 독성 물질에는 어떤 것이 있습니까?

사고나 실수로 어떤 화학물질을 먹거나 호흡하면 목숨을 잃게 됩니다. 가끔 농약이나 쥐약 때문에 사람이 고생하거나 사망하는 사

건이 발생하기도 하지요. 이런 독물(毒物)은 종류가 매우 많으며, 시안화칼륨, 승홍(염화제이수은), 아비산(삼산화비소) 등이 대표적인데, 극히 소량만 먹거나 호흡해도 죽을 수 있습니다.

인체에 해로운 화학물질 중에는 치명적이지는 않아도 심한 고통을 주거나 피부가 짓무르게 하는 것이 있는데, 이런 것은 극물(劇物)이라 합니다. 진한 황산과 염산, 가성소다(수산화나트륨), 포르말린, 과산화수소 등이 이에 속합니다.

이상의 독물과 극물을 합쳐 '독극물'(毒劇物)이라 하지요. 독극물은 인체에 매우 위험하기 때문에 그 생산이나 이용, 운반, 보관, 판매 등은 법률에 따라야 합니다. 현재 법으로 규정하는 독물에는 30여 가지가 있고, 극물로 취급하는 물질에는 100여 가지가 있습니다. 이런 독극물과 관계되는 법률에는 약사법, 식품위생법, 농약법, 독극물법, 화학물질 규제법 등이 있습니다.

의학에서는 독극물을 환자 치료를 위해 조심스럽게 사용하기도 합니다. 수면제나 마취제는 극약에 속합니다. 그런데 아편, 코카인, 바르비탈 등의 습관성 물질은 '마약'이라 부릅니다. 마약법은 매우 엄중합니다. 천연에도 독극물이 있습니다. 독뱀의 독이라든가 독초나 독버섯, 복어 등의 독성분이 대표적입니다.

<사진 77> 일부 버섯과 독초, 복어 등은 심한 독성분을 가지고 있습니다.

질문 78.

유해물질이라든가 위험물질에는 어떤 것이 있습니까?

독극물은 아니더라도 인체에 해를 줄 수 있는 물질을 '유해물질'이라 합니다. 암을 발생시킬 위험이 있거나, 병을 일으킬 물질은 식품이나 어린이 장난감, 또는 우유병 등에 포함되어서는 안 되는 것들이지요. 오늘날 유해물질로 취급받는 화학물질의 종류는 수천 가지이며, 이들에 대해서는 전 세계가 공동으로 법률을 정하여 사용을 제한하고 있습니다.

한편 화약이라든가, 폭발하기 쉬운 물질, 또는 불이 나기 쉬운 물질(알코올, 등유, 휘발유, 시너 등), 방사성이 강한 물질 등은 '위험물질'에 속합니다. 이러한 위험물질은 안전한 용기에 넣어 정해진 방법으로 운반하고, 불기가 없는 곳에 보관하도록 하는 엄격한 법률이 있습니다. 위험물질이지만, 가정에서 소독용으로 사용하도록 만든 농도가 3% 정도인 과산화수소는 위험물로 취급하지 않습니다.

대표적인 위험물질인 폭약은 폭탄이나 탄약으로 씁니다. 광산이나 토목공사장 등에서 사용하는 것은 '산업용 폭약'이라 합니다. 로켓을 쏘아 올리는 연료도 폭약의 일종입니다. 또한 불꽃놀이나 폭죽의 폭약도 위험물질입니다. 그러므로 이들은 모두 법률에 따라 생산하고 사용합니다.

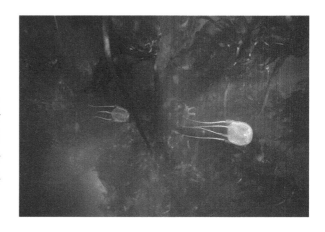

<사진 78> 벌, 뱀, 거미, 전갈, 나비의 유충, 물고기, 개구리 종류 중에는 맹독 성분을 이빨이나 촉수, 침에 가지고 있습니다. 사진의 상자해파리는 동물 가운데 독성이 가장 강한 촉수가 있습니다. 동물의 종류에 따라 독소의 성분도 다릅니다.

질문 79.
뱀이나 전갈의 독성분은 무엇인가요?

독초나 독뱀, 복어 등은 사람을 죽게 할 수 있는 독소를 가지고 있습니다. 납이라든가 카드뮴, 수은과 같은 공해물질과 니코틴도 독소입니다. 사람이나 다른 생물체에 해를 주거나, 병들게 하거나, 죽게 만드는 화학물질을 '독물'이라 합니다. 화학물질의 세계에는 독물의 종류가 너무도 많아 '독물화학'이라는 연구 분야도 있지요. 어떤 의학자는 "아무리 좋은 약일지라도, 많이 사용하면 모든 약이 독이다."라고 말하기도 하지요. 술도 과음하면 독이 되니까요.

독뱀이나 독충의 독처럼 물리거나 찔렸을 때 피해를 주는 화학물질은 '독액'이라 하고, 호흡하여 폐로 들어가면 위험한 기체는 '독가스'라고 하지요. 이런 독물들은 종류에 따라 화학 성분만 아니라 인체에 대한 작용도 다른데, 체내에서 일어나는 화학반응(물질대사)을 방해하거나, 세포를 파괴하거나, 신경활동을 저해하는 등의 작용을 합니다.

동물의 몸에서 분비되는 독물질의 화학 성분은 동물의 종류에 따라 다르므로, 여기서 모두 대답하기 어렵습니다.

<사진 79> 남아메리카 인디언들은 독개구리 피부에서 추출한 독액을 화살촉에 발라 사냥을 합니다.

질문 80.

우리 몸은 불을 태우지도 않는데 어떻게 따뜻한 체온이 생기나요?

장작을 태우거나 기름이 탈 때 열이 납니다. 열은 무엇을 태울 때만 발생하는 것은 아닙니다. 예를 들면, 물을 수증기로 만들 때는 열을 주어야 하지만, 수증기가 응고하여 물이 되거나, 물이 얼어 눈이 되거나 할 때는 열이 발생합니다. 이와 같은 발열반응(發熱反應)은 화학반응에서 많이 볼 수 있습니다(질문 64 참조).

인체 내에서 열이 되는 것은 탄수화물이라든가 지방, 단백질과 같은 영양소입니다. 이들 물질은 소화과정을 거쳐 혈관을 따라 세포로 이동하고, 그곳에서는 에너지로 변하는 복잡한 화학반응이 일어납니다. 이때 'ATP'라고 부르는 물질이 다량 생겨나는데, 이것이 ADP로 변할 때 열과 힘이 나옵니다.

인체의 발열반응은 특히 근육세포에서 많이 일어나는데, 우리 몸에서 나오는 전체 에너지의 3분의 2는 열에너지랍니다. ADP와 ATP가 생겨나는 화학반응은 식물이 광합성을 할 때도 일어납니다. 모든 생물체의 몸에서 복잡한 화학반응이 소리 없이, 지나치게 뜨거운 열을 내지도 않고, 공해 가스도 만들지 않으면서 일어날 수 있는 것은, 온갖 화학반응에서 촉매작용을 하는 수 백 가지 효소의 작용 덕분입니다.

〈사진 80〉 운동을 하면 근육세포가 많은 에너지를 소모하여 열도 심하게 발생합니다.

질문 81.
겨울이 다가오면 나뭇잎은 왜 노랑이나 붉은색으로 변화되나요?

식물의 잎이 봄부터 가을까지 초록색인 것은 잎의 세포 속에 엽록소라는 화학물질이 만들어지고 있기 때문입니다. 엽록소는 탄소, 수소, 산소, 질소 그리고 마그네슘으로 이루어진 녹색을 띤 분자이며, 햇빛의 에너지를 받아들여 식물의 영양분인 당분(탄수화물)을 만드는 작용(광합성)을 돕는 주인공입니다. 그리고 엽록소의 녹색은 햇빛 에너지를 가장 잘 흡수하는 색이랍니다.

겨울이 가까이 오면, 잎의 녹색은 점점 사라지고 차츰 노랑이나 갈색 또는 붉은색으로 변합니다. 이렇게 색이 변한다는 것은 잎 내부에서 화학변화가 일어나는 것이지요. 가을에 접어들면, 나무들은 겨울 준비를 하느라 잎에 있던 영양분을 가지나 뿌리로 이동시켜 저장합니다. 그리고 봄이 오면 그곳에 저장해두었던 영양분으로 새싹을 자라게 합니다.

잎에 있던 영양분을 다른 곳으로 이동시켜야 할 때가 되면, 잎에서는 더 이상 엽록소가 만들어지지 않으며, 남아 있던 엽록소는 차츰 파괴되어 녹색을 잃게 됩니다. 낙엽의 색은 식물의 종류에 따라 다릅니다. 만일 단풍잎의 색이 노랑이나 주황이라면 그 동안 드러나지 않던 '카로틴'의 색이 보이게 된 것입니다. 엽록소와 카로틴이 함께 있으면, 엽록소의 진한 녹색 때문에 노란색은 보이지 않지요. 카로틴이라는 색소는 당근에 특히 많이 포함되어 있으며 탄소, 수소, 산소로 이루어진 분자입니다.

<사진 81> 단풍나무의 잎이 붉어지는 것은 안토시아닌이라는 색소 때문입니다.

단풍나무의 잎은 유난히 붉게 변합니다. 그 이유는 엽록소가 파괴되고, '안토시아닌'이라는 붉은색을 가진 색소가 다량 생겨난 때문입니다. 안토시아닌은 기온이 내려가 섭씨 7~0도 일 때 더 잘 생겨납니다. 참나무 종류의 잎은 갈색으로 변하는데, 이것은 잎 속에 포함되어 있는 '타닌'이라는 물질의 색이랍니다.

단풍나무는 왜 낙엽이 유난히 붉은색이 되도록 했을까요? 그 이유는 확실히 알 수 없네요.

질문 82.

개똥벌레가 빛을 낼 때는 어떤 화학반응이 일어나는가요?

어두운 숲속에서 작은 불빛을 깜박이며 날아다니는 개똥벌레(반딧불이)를 보면 참 신비스럽습니다. 스스로 빛을 내는 생물에는 개똥벌레 외에 몇 가지 박테리아와 물고기, 오징어, 새우 그리고 심해어 등이 알려져 있습니다. 개똥벌레는 열대지방에 많은 종류가 사는데, 전 세계에 약 2,000종이 알려져 있습니다. 우리나라에도 10여종이 살지만, 최근에는 찾아보기가 어려워, 어떤 지방에서는 인공적으로 개똥벌레를 대량 사육하여 관광객이 찾아오도록 하기도 합니다.

생물의 몸에서 빛이 나오는 현상을 '생물 발광'이라 합니다. 백열등은 빛이 날 때 열이 매우 많이 발생하지만, 형광등은 열이 적게 납니다. 그런데 생물에서 나오는 빛에는 열이 없기 때문에 '냉광(冷光)'이라 부릅니다. 개똥벌레의 빛은 어둠 속에서 그들의 짝을 찾는데 도움이 됩니다. 개똥벌레는 같은 종류의 짝을 찾기 쉽도록 종류마다 반짝이는 시간에 차이가 있답니다.

빛을 내는 생물 중에 대표자인 개똥벌레의 빛은 배 끝에 있는 발광기관에서 분비되는 '루시페린'이라는 물질에 '루시퍼레이스'라는 효소가 작용하여 나옵니다. 개동벌레 외의 다른 발광생물에서는 루시페린과 조금 다른 성분을 가진 물질이 분비된답니다.

백열등은 전기 에너지의 10% 정도만 빛이 되고, 나머지는 열로 변하여 주변을 뜨겁게 합니다. 그러나 생물에서 나오는 빛은 90%가 빛으로 변합니다. 화학자들은 개동벌레와 여러 발광생물의 발광 작용과 관계되는 유전자들에 대해서도 많이 연구하고 있습니다. 머지않아 화학적인 방법으로 냉광을 낼 수 있게 될 것이며, 그 때는 전력 소모도 훨씬 줄어들고, 열이 나지 않으므로 조명장치에 의한 화재 위험도 사라질 것입니다.

〈사진 82〉 개똥벌레는 몸에서 열이 나지 않는 빛(냉광)을 내는 곤충으로 유명합니다. 유리병 속에 개똥벌레 여러 마리가 들었습니다.

질문 83.

나무, 나뭇잎, 가축 분뇨 등을 쌓아 썩히면 왜 열이 나는가요?

나뭇잎, 음식찌꺼기, 가축의 분뇨 등을 쌓아 썩힌 것을 퇴비라고 하지요. 농작물을 재배할 때는 퇴비를 많이 넣어주어야 잘 자랍니다.

동물이나 식물의 죽은 시체(유기물)가 썩는 이유는, 거기에 '부패 박테리아'와 같은 미생물이 번식한 때문입니다. 퇴비더미 속의 미생물은 효소를 분비하여 모든 유기물 성분(섬유소, 리그닌, 단백질, 지방 등)을 이산화탄소와 물로 분해하는 작용을 합니다.

유기물이란 수소(H), 산소(O), 탄소(C) 3가지 원소가 결합한 화합물(C-H-O)입니다. 여기에 미생물의 효소가 작용하면 그들 사이의 화학 결합이 풀어지면서 이산화탄소(CO_2), 메탄(CH_4), 수증기(H_2O) 등이 되어 날아갑니다. 그러므로 퇴비가 완전히 부패하고 나면 장작을 태우면 재가 남듯이, 약간의 무기물만 남지요.

유기물이 이산화탄소와 물 등으로 변하는 화학변화가 일어날 때는 언제나 열이 발생합니다. 나무나 프로판 가스가 타는 산화반응 때도 열이 나고, 주머니 난로에 든 쇳가루와 산소가 화합할 때도 열이 발생하지요. 우리가 먹은 음식의 영양분은 세포에서 분해될 때 열과 힘(에너지)을 냅니다.

<사진 83> 퇴비가 썩으면 많은 열이 납니다. 퇴비더미에서는 그 속의 섬유질을 영양분으로 하여 자라는 여러 가지 버섯도 피어납니다.

질문 84.
종이 1톤을 제조하려면 목재는 얼마나 필요한가요?

종이는 생활에 없어서는 안 되는 필수품이지요. 종이는 책, 잡지, 신문, 광고지 등 인쇄물만 아니라 돈, 수표, 영수증의 재료이며, 포장상자, 포장지, 벽지, 화장지, 종이수건, 티슈, 종이컵, 종이접시 등 헤아릴 수 없이 많은 용도를 가졌습니다.

인쇄용의 종이는 잉크가 잘 묻어야 하고, 인쇄가 선명해야 하므로 제조과정이 좀 더 복잡합니다. 어떤 종이이든 용도에 따라 화학적 처리 과정이 다릅니다. 종이의 주성분은 섬유소이지만(질문 39 참조), 1톤의 종이를 생산하려면 약 2배의 목재가 우선 소요됩니다. 그 외에 물이 약 200톤, 황산 약 50kg, 석회석 약 160kg, 점토 약 130kg, 석탄 1.2톤, 전력 110킬로와트시, 염료 9kg, 전분 약 50kg 등이 필요하답니다.

종이는 용도(종류)에 따라 각기 다른 이름을 가지고 있습니다. 같은 재질의 종이라도 그 두께가 다르기도 합니다. 만일 "이 종이는 120그램짜리다."라고 말한다면, 그 종이는 가로 1m 세로 1m, 즉 $1m^2$의 무게가 150그램이라는 뜻입니다.

<사진 84> 나무가 없다면 종이를 생산할 수 없습니다. 종이 1톤을 생산하려면 약 2톤의 나무가 필요합니다.

질문 85.

제초제라는 화학물질은 왜 식물을 죽게 하나요?

농작물을 재배하는 논밭에 잡초가 함께 자라면, 생장에 지장이 크고 수확할 때 매우 거추장스럽습니다. 특히 잡초 속의 곡물을 기계로 수확하면 잡초의 종자까지 함께 들어가므로 다시 골라내는 일이 번거롭습니다. 그렇게 되면 노력과 인건비가 많이 들어 생산비가 오르게 되지요.

오늘날 필요 없는 식물을 제거하는 여러 종류의 제초제를 화학적으로 합성하여 이용하고 있습니다. 제초제 중에는 농작물은 남겨두고 잡초만 죽이는 선택성이 있는 것과, 모든 식물을 다 죽이는 비선택성 제초제가 있습니다.

1940년대부터 사용된 2.4-D라는 합성 제초제는 벼나 밀, 옥수수와 같은 외떡잎식물에는 작용하지 않고, 쌍떡잎식물만 죽이는 대표적인 선택성제초제입니다. 이것은 식물의 생장을 조절하는 식물호르몬 역할을 하는데, 쌍떡잎식물은 이 호르몬의 영향으로 비정상적으로 자라게 되어 말라죽습니다.

2.4-D와 비슷한 제초제로 2.4.5-T라 부르는 제초제가 있습니다. 이것은 베트남 전쟁 때 정글에 대량 뿌려 나무들을 말라죽게 했는데(고엽제), 그 뒤에 인체에 매우 해롭다는 사실이 발견되어 지금은 사용하지 않습니다.

식물을 가리지 않고 죽게 하는 비선택성 제초제는 그 종류에 따라 식물 체내에서 일어나는 단백질 합성 반응을 방해하거나, 효소의 작용을 억제하거나, 엽록소가 생겨나지 못하게 하는 등의 작용을 합니다. 비선택성 제초제는 현재 여러 가지가 개발되어 있습니다.

제초제 가운데 1974년에 미국에서 개발된 글리포세이트는 아무 식물이나 죽이는데, 최근에는 생명공학적인 방법(유전자 조작)으로 이 제초제에 죽지 않는 콩이나 옥수수 종자를 육성하여 대량 재배하고 있습니다. 제초제에 영향을 받지 않도록 유전자가 조작된 콩이 자라는 밭에 제초제를 뿌리면 잡초는 모조리 죽어버리고 콩만 자라게 되지요. 사람들 중에는 유전자 조작 농작물이 생태계에 해를 줄지 모른다고 우려하지만, 지금까지 그런 위험은 발견되지 않았습니다.

<사진 85> 밭에 잡초가 자라면 작물을 재배하기 매우 어려워집니다. 농작물은 죽지 않고 잡초만 죽이는 제초제를 선택성 제초제라 합니다.

질문 86.
생화학은 어떤 연구 분야를 말하나요?

화학은 연구 대상이 너무 광범위하기 때문에 여러 분야로 나뉘어 전문적인 연구가 이루어지고 있습니다. 특히 오늘날의 화학은 물리학이나 생물학과 밀접하게 연결되어 있습니다. 일반적으로 무기화학, 유기화학, 물리화학 등으로 말하지만, 더 세분하여 핵화학, 석유화학, 방사선화학, 금속화학, 분석화학, 열화학, 대기화학, 전기화학, 의료화학, 광화학, 고분자화학 등 수백 가지로 나뉘고 있습니다.

식물이든 동물이든 모든 생물은 화학물질로 구성되어 있으며, 그 몸속에서는 대단히 복잡한 화학변화가 끊임없이 일어나고 있습니다. 생물과 관련된 화학 연구를 특별히 '생물화학' 또는 줄여서 '생화학'이라 부릅니다. 생화학 중에서도 인간의 뇌와 신경에서 일어나는 화학 변화를 연구하는 분야는 '신경화학'이라 부릅니다. 인체에서는 몸에 침입한 병균이나 이물질을 퇴치하는 화학 작용(면역 작용)이 일어나는데, 이런 연구는 '면역화학'이라 하지요.

질문 87.
지구 온난화의 주범인 이산화탄소를 줄이는 방법은 무엇입니까?

공장, 화력발전소, 자동차, 건물의 보일러 등에서 대량 발생되는 이산화탄소의 양이 증가한 결과, 지구의 평균 기온이 높아지고 있다고 전 세계가 염려합니다. 이산화탄소는 태양에서 오는 적외선이 가진 열을 흡수하는 성질이 강합니다. 1960년대 초에만 해도 대기 중의 이산화탄소 양은 평균 0.032%였습니다. 그러나 45년이 지나는 동안에 그 농도가 0.038%까지 증가했다고 염려합니다.

과학자들은 이산화탄소가 마치 온실처럼 기온을 높인다고 하여 '온실 가스'라고 부릅니다. 이산화탄소의 온실 영향에 의해 지구의 기온과 바닷물의 수온이 계속 상승한 결과, 지구상에 커다란 변화가 일어나고 있습니다. 남북극의 빙하가 대량 녹으면서 해수면이 높아짐에 따라 많은 육지가 해수로 덮이고 있고, 이상기후 현상으로 홍수와 태풍의 피해가 증가하는 것은 대표적인 현상입니다.

이산화탄소는 나무나 화석연료(석탄과 석유 등)가 탈 때 대량 생겨나며, 부패하거나 발효가 일어날 때, 동식물이 호흡할 때 발생하며, 화산에서 분출되는 가스 속에도 포함되어 있습니다. 이렇게 발생한 이산화탄소는 식물이 탄소동화작용을 할 때 대부분 소비되어 균형을 유지합니다.

그러나 산업이 발달하면서 이산화탄소를 흡수할 세계의 숲이 줄어들고 있습니다. 또 지구상에 있는 이산화탄소의 3분의 1은 바닷물에 녹아 있습니다. 이산화탄소는 물에 잘 녹으니까요. 그런데 해수의 수온이 높아짐에 따라 바닷물에 녹는 이산화탄소의 양이 줄어들고 있습니다. 이산화탄소는 수온이 낮을 때 더 잘 녹기 때문입니다.

온실 가스는 전 세계가 염려하는 환경문제입니다. '세계기후변화협약'은 온실 가스 해결을 위한 세계적인 국제기구입니다. 온실 가스를 줄이는 방법으로 다음과 같은 노력이 진행되고 있습니다.

1. 석유나 천연가스, 석탄의 사용을 줄이고, 원자력발전소나 기타 대체 에너지를 사용하여 전력을 생산토록 노력합니다.

2. 경제적으로 수소를 생산하는 방법을 연구하여 수소를 연료로 사용토록 합니다.

3. 이산화탄소를 흡수하여 그것을 필요한 탄소 화합물로 만드는 기술을 개발합니다.

4. 사막에 식물이 자라도록 노력하고, 숲을 늘이도록 합니다.

이상의 중요한 온실 가스 대책은 대부분 화학자가 해결해야 할 연구 과제이기도 합니다.

5

석유와 플라스틱

질문 88.

플라스틱은 누가 언제 처음 발명하게 되었습니까?

플라스틱이 없던 시절에는 박 껍질을 켜서 말린 바가지로 물을 퍼야 했습니다. 오늘날에는 바가지만 아니라 소쿠리, 방석까지 플라스틱으로 만듭니다. 주변을 둘러보면 너무나 많은 물건이 플라스틱이어서, 플라스틱이 없다면 얼마나 불편할지 상상조차 하기 어렵습니다.

플라스틱의 역사가 시작된 것은 약 150년 전입니다. 플라스틱은 '원하는 대로 모양을 만들 수 있다'는 의미를 가진 말입니다. 우리말로는 합성수지(合成樹脂)라고 하며, 화학적으로 합성하여 만든 광범위한 제품을 총칭합니다. 플라스틱에는 그릇이나 장난감만 아니라, 천을 짠 합성섬유도 있고, 비닐도 있습니다.

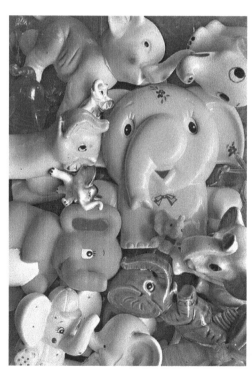

<사진 88> 수많은 장난감을 플라스틱으로 만듭니다.

영국의 발명가인 앨릭잰더 파크스(1813~1890)는 1855년에 섬유소(셀룰로스)에 질산과 알코올, 장뇌(樟腦)를 혼합하여 코끼리 상아와 비슷한 최초의 플라스틱을 합성했습니다. 그가 만든 물건은 단단하면서 유연하고 투명했습니다. 그는 이 발명으로 1862년에 런던에서 개최된 세계박람회에서 발명상을 받았습니다. 그러나 그가 합성한 것은 세월이 지나자 금이 가는 단점이 나타났습니다.

미국의 존 웨슬리 하이아트(1837~1920)는 제조 방법을 개선하여 1868년 새로운 합성 방법을 연구하여 특허를 얻었습니다. 그 이전까지 당구공은 코끼리의 상아로 만들었으므로 값이 매우 비쌌습니다. 그는 자신이 새로 합성한 물질을 '셀룰로이드'라고 했으며, 그것으로 당구공만 아니라 단추라든가 머리빗 등 여러 가지 물건을 만들었습니다. 셀룰로이드라고 이름을 붙인 것은 질산과 셀룰로스를 이용하여 만든 원료(니트로셀루로스)를 사용했기 때문입니다.

질문 89.
나일론은 언제 누가 발명했나요?

나일론은 대표적으로 유명했던 플라스틱 제품입니다. 1904년까지는 셀룰로이드가 유일한 플라스틱이었습니다(질문 87 참조). 이때 네덜란드의 레오 핸드릭 베이클랜드(1863~1944)가 '베이클라이트'라는 물질을 합성하는데 성공했습니다. 이후부터 세계의 많은 화학회사들은 합성물질 개발 경쟁을 벌였습니다.

미국의 유명한 화학회사 듀폰사는 1927년부터 비밀리 새로운 함성섬유를 연구하고 있었습니다. 그 연구의 중심 화학자는 윌리스 캐러더스였습니다. 1939년 드디어 '나일론'이라는 상품명을 붙인 최초의 합성섬유가 나왔습니다. 나일론으로 처음 만든 것은 칫솔이었으나 곧 명주실처럼 가느다랗고 질긴 나일론 섬유를 만들어 나일론 시대를 열게 되었습니다.

그때 2차 세계대전이 한창이었으므로 나일론은 튼튼한 낙하산 재료가 되었고, 여성들의 스타킹도 만들었습니다. 나일론은 너무나 훌륭하여 무엇이든지 좋은 것은 '나일론'이라는 말로 부르기도 했습니다.

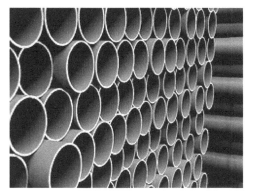

<사진 89> 플라스틱 파이프로 수도 배관을 하면 녹슬지 않아 편리합니다.

1940년대 이후 온갖 종류의 합성물질(플라스틱)이 발명되어 오늘날과 같은 플라스틱 시대를 열게 되었습니다. PVC, 스티로폼, 우레탄, 합성고무, 인조 가죽, 에폭시, 아크릴, 폴리에틸렌 등의 플라스틱 종류가 수백 가지 나오게 되었지요.

질문 90.
플라스틱이 불타면 왜 유독가스가 나와 질식하게 되나요?

오늘날 건축물의 내부와 외부는 많은 부분이 플라스틱 자재로 만들어져 있습니다. 플라스틱 판으로 벽을 만들고, 벽 속에는 우레탄에 거품을 넣은 방열재가 들었으며, 벽은 비닐 벽지로 발랐고, 마룻바닥은 플라스틱 타일이 깔려 있기도 합니다. 또한 실내를 장식한 커튼도 합성섬유로 만든 것이 대부분입니다. 가구들도 많은 것이 플라스틱입니다.

플라스틱을 구성하는 성분 중에는 탄소, 산소, 수소 외에 염소, 질소, 황 성분도 포함되어 있습니다. 이들이 불타면 일산화탄소, 시안가스, 염소가스, 산화질소, 사염화탄소, 이산화황 등의 유독성 가스로 가득하게 됩니다.

이 중에 일산화탄소는 공기 중에 0.1%만 포함되어 있어도 생명이 위험합니다. 일산화탄소는 혈액 속의 헤모글로빈과 산소보다 더 잘 결합하여 산소 결핍현상을 일으키니까요. 그리고 다른 유독가스들은 기관지의 점막과 폐 내부 조직을 파괴합니다.

<사진 90> 기름이나 플라스틱 화재를 진압하는 소방관은 유독가스를 마시지 않도록 산소통을 사용합니다.

독가스에 의한 질식은 5분을 견디기 어렵습니다. 그러므로 실내에서 화재가 나면 숨을 참으며 얼른 탈출하는 것이 최선의 방법입니다.

질문 91.

왜 석유도 기름이라 하고, 참기름도 기름이라 하나요?

먹어도 좋은 쇠기름, 돼지기름, 버터, 참기름, 콩기름, 샐러드유, 땅콩기름, 야자기름 등은 식용유라 부릅니다. 식용유는 모두 인체의 중요한 영양소가 됩니다. 동물성 지방이든 식물성 지방이든, 식용 기름은 '식용 유지'(食用 油脂)라는 말로 부르기도 하지요. 식용 유지는 종류에 따라 보통 실내 온도(상온)에서 고체 상태인 것이 있고, 액체 상태인 것이 있습니다. 버터 같은 유지는 상온(섭씨 15도 정도의 온도)에서는 고체 상태이지만, 주변 온도가 높아지면 녹아 액체상이 되지요.

이런 유지에 가성소다(수산화나트륨)를 넣고 끓이면 지방산나트륨(비누)과 에스테르가 생겨납니다. 이렇게 만든 비누 속에는 물과 에스테르가 혼합되어 있으므로, 비누공장에서는 물과 에스테르를 제거하고 순수한 비누만 단단하게 뭉쳐냅니다.

석유나 등유, 가솔린, 윤활유로 쓰는 엔진 오일, 파라핀 등도 기름이라고 부르게 된 것은, 액체이면서 걸쭉하기도

〈사진 91〉 석유를 운반하는 대형 유조선의 갑판입니다. 석유는 기름이라고 부르기보다 석유나 원유라고 하는 것이 정확한 말입니다.

하므로 붙여진 것이라고 생각됩니다. 원래 기름을 뜻하는 영어 오일(oil)은 '끈끈하다'는 의미를 가지고 있습니다. 그러나 식용유와 원유에서 나온 기름은 화학적으로 성분과 성질이 아주 다릅니다.

질문 92.

부패할 수 있는 플라스틱은 어떻게 만드나요?

플라스틱 제품은 녹슬지도 않고 부패하지 않습니다. 이러한 성질이 플라스틱의 장점이기도 하지만, 쓰레기로 버렸을 때는 환경 문제를 일으킵니다. 플라스틱은 태우면 잘 타지만 유독한 가스가 발생하고, 환경 호르몬 등의 위험한 오염물질이 남게 됩니다. 그래서 오늘날 각국은 플라스틱 쓰레기를 버리지 않고 가능한 회수하여 재활용하도록 노력하고 있습니다.

플라스틱 쓰레기는 종류에 따라 제조 원료가 다르기 때문에, 보통 6~7가지로 다시 분류하여 수거하고 있습니다. 예를 들면,

1. PETE : 물, 음료수, 식용유 등이 담긴 플라스틱 병이며, 흔히 페트병이라 부르지요.

2. HDPE : 세제 병, 우유 병

3. PVC : 플라스틱 파이프, 실외 가구, 물통

4. LDPE : 비닐 백, 음식을 담는 얇은 비닐, 농촌의 하우스용 비닐

5. PP : 요구르트 병, 스트로

〈사진 92〉 골프공을 얹어두는 '티'는 버리더라도 쉽게 분해되도록 부패 가능한 플라스틱으로 만들기도 합니다. 1회용 스푼이나 포크는 바이오 플라스틱으로 제조하고 있습니다.

6. PS : 스티로폼, 라면 컵

7. 기타 특수 플라스틱

세균에 의해 분해되거나, 햇빛(자외선)을 받거나, 수분에 젖어 있으면 서서히 분해되는 플라스틱 종류를 오늘날 생산하고 있습니다. 부패 가능한 플라스틱은 '바이오 플라스틱'이라 부릅니다. 바이오 플라스틱은 세균이 분해할 수 있도록 전분을 넣어 만드는데, 생산비가 비싸 일반화되지 못하고 있습니다. 또한 현재까지 개발된 바이오 플라스틱은 분해되는데 시간이 오래 걸립니다. 바이오 플라스틱은 일반 플라스틱과 성분이 다르므로 재활용 플라스틱에 넣지 않아야 합니다.

질문 93.

나프타와 나프탈렌은 어떻게 다른가요?

장롱에는 좀이나 개미 등 다른 벌레나 기생충이 들어오지 못하도록 나프탈렌을 넣습니다. 모직이나 비단, 면직의 옷 속은 곤충의 유충이 살기 좋은 환경입니다. 그러므로 장롱에 나프탈렌을 넣어두지 않으면 먼지처럼 작은 좀과 같은 곤충이 번식하면서 섬유를 갉아먹어 옷을 못 쓰게 만듭니다.

가정에서는 나프탈렌을 '좀약'이라 부르기도 하지요. 나프탈렌은 특이한 냄새를 가진 흰색 고체인데, 곤충이나 기생충은 이 물질을 싫어하며, 죽기도 합니다. 나프탈렌은 고체 상태에서 기체로 승화하는 성질을 가졌습니다.

원유에 포함된 물질 중에 기체인 천연가스를 제외하고, 나머지를 모두 '나프타'라고 부릅니다. 그러므로 원유에서 나오는 휘발유를 비롯하여 피치에 이르기까지 모두가 나프타이며, 석유화학 제품인 플라스틱, 나일론, 비닐, 합성섬유 등은 모두 나프타가 기초 생산 원료이지요. 나프탈렌은 이 나프타에서 분리한 하나의 성분($C_{10}H_8$)이랍니다. 콜타르에는 상당량의 나프탈렌이 포함되어 있습니다.

나프탈렌은 여러 가지 석유화학 제품의 원료가 되기도 하지만, 좀약으로 대량 사용되고 있습니다. 때로는 화장실에 두어 벌레가 들어오지 못하도록 하기도 합니다. 나프탈렌 냄새를 많이 들이키면 적혈구가 파괴되는 등 인체에 약간의 피해가 있으므로, 일부러 손으로 만지거나 냄새를 맡을 필요는 없습니다. 특히 아기들이 만지지 않도록 조심해야 합니다.

질문 94.
고기나 음식을 싸서 냉장고에 보관할 때 사용하는 얇은 랩 필름은 무엇으로 만든 것인가요?

식당에 음식을 주문하면, 음식을 담은 그릇을 얇은 비닐 랩으로 싸서 배달해오는 경우가 많습니다. 음식이나 그릇을 싸서 보관하는 랩 필름(가정에서는 '랩'이라고 말함)은 대단히 편리합니다. 랩을 잘 관찰해보면, 다른 종류의 비닐에 비해 훨씬 얇고, 많은 차이점을 가지고 있습니다.

랩 필름은 박막(薄膜)이지만 공기나 수분이 투과하지 못하고, 음식이나 식기에 잘 밀착하며, 탄력이 좋아 적당히 늘어나기도 합니다. 또한 랩은 섭씨 영하 60도에 이르거나, 140도의 고온이 되어도 변질되지 않는데다 질기기도 합니다. 특히 랩은 색이 투명하고 맛이라든가 냄새가 없으며, 인체에 해로운 물질이 녹아나오지 않는 것으로 알려져 있습니다.

오늘날 가정에서 음식을 싸는데 사용하는 랩 필름의 원료는 '폴리염화비닐리덴'이라 부르는 석유화학 물질의 하나로서, 일반 비닐을 만드는 원료 물질과 비슷합니다, 이것으로 식품을 싸면 식품의 냄새가 빠져나오지 않고, 세균도 침입하지 못합니다. 그리고 랩 필름으로 쇠붙이를 밀착 상태로 싸두면 산소를 차단하여 녹스는 것을 방지해줍니다.

질문 95.

바다에서 원유 유출 사고가 났을 때, 오염된 원유를 화학적으로 분해하는 방법은 없나요?

지난 2007년 12월 서해에서 원유 유출사고가 났을 때, 참으로 큰 피해를 입었습니다. 원유 오염 사고는 수시로 전 세계 바다에서 일어나고 있으며, 그때마다 큰 소동을 일으킵니다. 원유를 뒤집어쓰고도 살아남을 수 있는 생물은 석유 속에 사는 특별한 미생물을 제외하고는 아무것도 없습니다. 그러므로 원유 유출사고가 난 바다는 아무리 방제작업을 잘 해도 다시 환경이 회복되기까지는 긴 시간이 걸리는 것으로 알려져 있습니다.

서해 원유 유출 때는 오염 피해를 줄이기 위해 수많은 자원봉사자들이 가서 검은 기름을 손으로, 종이(흡착포)로, 걸레로 직접 닦아내고 했지요. 그때 걷어낸 수천 드럼의 원유는 모두 폐유를 처리하는 곳으로 보내 재활용하도록 했다고 합니다.

원유는 물보다 가볍기 때문에 바다에 쏟아지면 아주 얇은 막이 되어 수면을 넓게 뒤덮게 되는데, 휘발성 물질들은 공중으로 날아가고 나머지 원유 성분들은 서로 엉겨 검은 '타르'가 됩니다. 수면에 쏟아진 기름은 불타지도 않습니다. 만일 태울 수 있다 하더라도, 원유가 타면 심각한 대기오염을 일으키므로 국제적으로 금하고 있습니다.

화학적으로 처리하는 방법으로, 기름을 녹이는 비누와 비슷한 역할을 하는 화학물질('계면활성제'라고 부름)을 뿌리기도 합니다. 계면활성제는 기름 성분과 화학반응을 하여 먼지처럼 작은 크기로 분산되도록 합니다. 이들은 자연적으로 분해되기도 하고, 일부는 해저에 가라앉기도 합니다. 그러나 이 방법은 다른 환경오염을 일으킬 수 있어 조심스럽게 사용됩니다.

석유를 먹고 사는 미생물을 뿌리는 방법도 연구하고 있습니다. 그런데 실험실에서는 잘 자라던 미생물이 바다에 뜬 석유에서는 잘 번식하지 못하고 있습니다. 한편, 석유 미생물이 잘 번성하여 타르를 먹어치우더라도, 이 낯선 미생물은 생각지도 못한 다른 환경 피해를 줄지 모른다는 걱정도 하고 있습니다. 바다에 뿌려진 원유를 효과적으로 처리하는 화학적 방법도 중요한 연구과제이지만, 오염사고가 나지 않도록 예방하는 것이 더욱 중요한 일입니다.

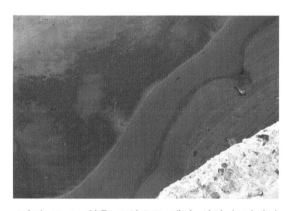

<사진 95-1> 원유 오염으로 해안 사장과 바다가 심하게 오염되어 있습니다. 원유가 오염되면 수중과 개펄의 모든 미생물과 동식물이 죽게 됩니다.

<사진 95-2> 1990년 이란과 이라크 전쟁으로 석유 생산 시설이 검은 연기를 내며 불타고 있습니다. 원유가 타면 심한 대기오염을 일으켜 주변만 아니라 세계인에게 피해를 줍니다.

질문 96.

유전 화재를 진압할 때 왜 다이너마이트를 사용하나요?

폭약은 폭탄이나 총탄으로 사용되는 것보다 토목공사장에서 바위를 폭파하거나 광산에서 굴을 뚫거나 할 때 더 많이 이용됩니다. 다이너마이트가 발명되기 전에는 '흑색화약'이라 부르는 폭약을 사용했지요. 흑색화약은 질산칼륨에 황과 숯가루를 혼합하여 만드는데, 그 제조법은 10세기에 중국에서 알려졌습니다. 우리나라의 최무선은 14세기 말에 흑색화약 제조법을 처음으로 도입했으며, 훗날 그 기술은 임진왜란 때 왜군과의 전투에 잘 이용되었습니다.

유전에 화재가 발생하면 그 규모가 너무 크고 불길이 거세기 때문에 일반적인 방법으로는 진압할 수 없습니다. 이럴 때 유전화재 소화 전문가들은 다이너마이트를 대규모로 폭발시켜 불을 끕니다. 폭탄이 터지는 순간 그 주변의 산소를 모두 소모해버리므로, 그때서야 불길이 잡힐 수 있기 때문입니다.

눈이 많이 내리는 스키장에서는 눈사태가 나면 곤란하므로, 위험이 있는 곳에서는 다이너마이트를 터뜨림으로써 미리 눈사태를 일으켜 스키어들을 보호하도록 합니다.

오늘날 연구 업적이 뛰어난 과학자에게는 해마다 영예로운 노벨상이 수여되고 있습니다. 이 상은 1866년에 다이너마이트를 처음 발명하고 다음해 특허를 얻어 세계에 공급하면서 거부가 된 스웨덴의 화학자이며 기술자인 알프레드 노벨(1833~1896)이 설립한 재단에서 주는 것입니다. 노벨이 발명한 다이너마이트는 흑색화약보다 폭발력이 강하고 사용이 안전합니다.

오늘날 흑색화약이나 다이너마이트를 제조하는 데는 질문 109에서 소개하는 암모니아가 필요합니다. 암모니아 가스를 산소와 결합시키면 질산이 되는데, 흑색화약의 원료인 질산칼륨은 바로 이 질산을 원료로 만듭니다.

다이너마이트로 건물이나 다리를 폭발시키는 장면은 전쟁 영화에 자주 나옵니다. 다이너마이트의 원료는 니트로글리세린인데, 폭발력이 매우 강한 물질입니다. 이 화합물은 암모니아로부터 얻은 질산에 글리세린과 황산을

결합시켜 만듭니다. 일반적으로 다이너마이트는 운반 도중에 발생할 수 있는 충격 등에 안전하도록 밀가루 같은 '규조토'라고 부르는 물질에 혼합하여, 가로 세로 2.5cm, 길이 20cm 되는 막대기 모양으로 만든 후 종이로 싸서 공급합니다.

폭약 중에는 TNT라고 부르는 것이 있습니다. 이것은 톨루엔과 질산과 황산을 섞어 만듭니다. TNT는 온도가 섭씨 240도 이상 되어야 터지고, 충격에도 잘 견뎌 탄약이나 폭파용으로 쓰입니다.

<사진 96> 작은 폭약을 건물 전체에 설치하여 동시에 터뜨리는 방법으로 커다란 건물을 한 순간에 무너뜨리고 있습니다.

질문 97.
탄화수소란 어떤 물질을 말하나요?

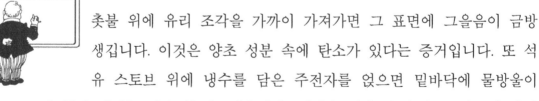

촛불 위에 유리 조각을 가까이 가져가면 그 표면에 그을음이 금방 생깁니다. 이것은 양초 성분 속에 탄소가 있다는 증거입니다. 또 석유 스토브 위에 냉수를 담은 주전자를 얹으면 밑바닥에 물방울이 한 동안 맺히는 것을 볼 수 있습니다. 이것은 석유 속에 수소 성분이 있어 산소와 반응하여 물이 된 것입니다. 주전자의 물이 뜨거워진 후에는 밑바닥에 물방울이 매달릴 겨를이 없이 바로 수증기로 변하지요. 겨울 아침 기온

<사진 97> 천연가스는 액화시켜 둥근 고압 탱크에 보관합니다.

이 낮을 때, 자동차 배기가스에서 흰 수증기가 많이 나오는 것이 보이는 것도 같은 이유입니다.

유전에서 퍼 올리는 원유는 한 가지 물질로만 이루어진 것이 아닙니다. 천연가스 역시 여러 종류의 가스가 포함되어 있습니다. 예를 든다면, 원유를 증류하면 휘발유, 등유, 경유, 중유, 벤젠, 헥산, 아스팔트 등으로 나누어집니다. 천연가스는 메탄, 에탄, 프로판, 파라핀 등이 포함되어 있습니다. 그리고 휘발유를 더 분해하면 벤젠, 톨루엔, 이소-옥탄 등으로 분리할 수 있습니다.

원유와 천연가스에 포함된 이러한 물질들은 그 성분이 모두 탄소와 수소만으로 이루어진 간단한 화학구조를 가지고 있습니다. 그러므로 탄소와 수소로 이루어진 물질을 화학용어로 '탄화수소'라고 부른답니다. 그러니까 원유는 여러 가지 탄화수소가 섞여 있는 혼합물이지요.

탄화수소 가운데 고체 상태인 물질로는 파라핀, 나프탈렌, 폴리에틸렌, 폴리프로필렌, 폴리스틸렌 등이 있습니다. 화학의 세계에서는 탄화수소와 다른 물질을 반응시켜 수만 가지 중요한 물질을 합성하고 있습니다.

 질문 98.

천연고무와 합성고무는 어떻게 다른가요?

 크리스토퍼 콜럼버스(1451~1506)는 서인도제도에 처음 갔을 때, 그곳 주민들이 고무로 만든 공을 가지고 노는 것을 보았습니다. 그는

고무공을 유럽으로 가져왔고, 통통 튀는 고무공을 본 사람들은 모두 신기해했습니다. 천연고무는 아마존지역에 자라는 고무나무의 수액을 채취하여 건조시킨 것이었습니다. 그러나 당시에는 고무의 중요성에 대해 누구도 특별한 관심을 가지지 않았습니다.

1823년에 영국의 매킨토슈는 고무나무의 수액을 옷에 발라 비옷으로 만들었습니다. 그런데 당시의 천연고무는 끈적거려 사용이 불편했습니다. 그러나 1839년 미국의 굿이어(1800~1860)는 고무에 황(S)을 혼합하여 가공하면 끈적이지도 않고 질긴 고무가 된다는 사실을 발견했습니다. 이후부터 고무공업은 획기적인 발전을 시작했고, 때마침 자동차가 발달하면서 자동차바퀴로 사용하게 되었습니다. 미국의 '굿이어'사는 타이어 생산으로 유명한 회사이지요.

천연고무의 화학 성분은 분자량이 큰 탄화수소(질문 97 참조)입니다. 1900년대 초에 화학자들은 천연고무의 화학적 성분과 구조를 알게 되자, 화학적으로 고무를 합성하는 방법을 연구하기 시작했습니다. 1935년 히틀러가 통치하던 독일의 과학자들이 '부나-S'라고 이름붙인 합성고무를 만드는데 먼저 성공했습니다. 합성고무 제조 기술을 가지게 된 독일은 전쟁터에서 쓸 자동차와 군용 비행기의 바퀴를 수입하지 않고도 만들었습니다. 1939년 제2차 세계대전 초, 독일은 합성고무를 한 해 2만 톤을 생산했지만, 1943년에는 10만 톤을 생산할 수 있었습니다. 이것은 고무나무 4,000만 그루에서 1년 동안 나오는 고무의 양과 맞먹었습니다.

<사진 98> 비행기의 이착륙 바퀴와 자동차 바퀴는 모두 합성고무로 만들고 있습니다.

합성고무 제조법을 알지 못하던 미국은 급히 합성고무 연구를 시작하여 1943년에는 20만 톤 이상의 합성고무를 생산하게 되었습니다. 오늘날의 고무 제품은 거의 합성고무로 만들고 있습니다. 합성고무의 최대 생산국은 미국, 일본, 독일이랍니다.

질문 99.

천연섬유와 합성섬유는 어떻게 다른가요?

옷을 만드는 3가지 중요한 천연 원료는 목면(솜), 양털, 누에의 실(견사)입니다. 만일 이 3가지 천연섬유가 없었더라면 인류는 동물의 가죽이나 나뭇잎으로 만든 옷만 입고 살았을 것입니다. 솜의 성분은 탄소, 수소, 산소로 이루어진 섬유소(셀룰로스)이고, 양털과 견사의 성분은 단백질입니다.

합성섬유에 대한 연구는 20세기에 들면서 활발하게 진행되었습니다. 전쟁은 때때로 과학과 기술의 발전을 재촉하는 동기가 되어 왔습니다. 독일은 2차 세계대전 중에 '아크릴섬유'라고 불리는 양털보다 가볍고, 세탁하면 곧 마르는 합성섬유를 먼저 개발했습니다.

한편 2차 세계대전 이전까지 미국은 견사와 견직물을 일본에서 대부분 수입하고 있었습니다. 이때 일본은 한국에서 많은 견사를 생산하고 있었지요. 미국과 일본 두 나라 사이가 악화되자, 미국은 일본에서 견

〈사진 99〉 면양의 털(양모)은 가장 중요한 천연섬유의 하나입니다.

직물을 수입할 수 없게 될 것을 염려하여 합성섬유 연구에 큰 힘을 기울였습니다. 그 결과 미국의 젊은 화학자 캐로더스(질문 89 참조)는 나일론이라는 합성섬유를 개발했고, 이후 여러 가지 합성섬유를 연달아 대량 생산하게 되었습니다. 오늘날 수많은 종류의 합성섬유가 나오지만, 천연섬유는 여전히 고가의 고급 섬유로 이용되고 있습니다.

질문 100.

천연색소와 합성색소는 어떤 차이가 있나요?

오늘날에는 IT(정보통신과학), BT(생명과학) 같은 연구 분야가 가장 전망이 큰 산업으로 인정받고 있습니다. 하지만 1900년대 초부터 수십 년 동안은 인공 색소를 합성하는 '색소 산업'이 가장 유망한 성장산업이었습니다.

색소 산업은 어쩌면 앞으로도 계속 첨단산업으로 이어갈 것입니다. 화려한 패션 옷들의 다양한 물감, 페인트, 인쇄용지의 잉크, 그림용 물감, 도로에 바르는 도료, 색종이, 화장품, 손톱에 바르는 매니큐어의 색에 이르기까지 온통 색의 세계이니까요.

선사시대의 사람들은 동굴에 벽화를 그릴 때, 검댕이나 점토, 또는 산화철의 붉은색으로 칠을 했습니다. 그 이후에는 색소를 가진 식물이나 곤충의 날개, 조개, 암석 등에서 염료를 골라내어 그것으로 옷에 물을 들이거나, 접착제와 섞어 벽을 칠하거나, 그림을 그렸습니다. 그러나 그러한 천연색소는 종류도 많지 않고 잘 변질되기도 했으며, 대량으로

〈사진 100〉 털실에 아름다운 물감을 들여 여러 가지 디자인의 옷을 짭니다.

140

구하기가 어려웠습니다.

18세기 중엽부터 산업혁명이 일어나자 천을 짜는 방직공업이 크게 발달했습니다. 그에 따라 대량 생산된 섬유를 물들이는 데는 엄청난 양의 염료가 필요했습니다. 그러나 당시의 천연색소들은 값이 금처럼 비쌌습니다. 누군가가 특수한 색의 물감 제조법을 발견하면, 그 기술은 아버지에게서 아들에게 비밀로 전수되고 있었습니다.

19세기 말부터 20세기 중반에 이르기까지 합성화학이 발달하게 되자, 수많은 사업가들과 화학자들은 아름다우면서 천에 염색이 잘 되고, 자외선을 받아도 퇴색하지 않으며, 물에 빨아도 색이 빠지지 않는 인공색소 개발에 경쟁적으로 참여했습니다. 오늘날 세계적 명성을 가진 많은 화학회사는 당시 인공색소 합성회사로 출발했답니다.

당시의 화학자들은 천연의 색소가 가진 성분을 분석하여, 그것과 같은 성분의 물질을 인공적으로 합성하도록 노력했습니다. 이렇게 진행된 색소과학의 발달에 힘입어 오늘날과 같은 아름다운 색의 세계가 탄생하게 되었습니다.

질문 101.
방부제로 쓰는 페놀은 왜 오염되면 안 되나요?

세균을 죽이는 물질은 항생제와 살균제 두 가지로 나눌 수 있습니다. 항생제는 페니실린이나 마이신처럼 살균 성분을 생물체에서 추출한 것이고, 살균제는 비 생물적인 화학적으로 합성한 물질을 말합니다. 이를테면 소독용으로 사용하는 에틸알코올, 붕산, 과산화수소, 요드팅크, 머큐로크롬, 물을 소독하는 염소산나트륨, 크레졸 등이 모두 살균제입니다. 그리고 음식에 넣는 방부제는 썩거나 발효하지 못하도록 하는 화학물질을 의미합니다.

프랑스의 화학자이면서 세균학자인 루이 파스퇴르(1822~1895)는 음식이 부패하거나 발효하는 것은 그 속에 미생물이 증식한 때문이라는 사실을 처음 밝혔습니다. 파스퇴르의 연구에 자극을 받은 영국의 의사인 조지프 리스터(1827~1912)는 수술실과 환자의 수술 부위, 수술 도구 등을 페놀로 소독하여 감염을 방지하면서 수술하는 방법에 대한 연구 논문을 최초로 발표했습니다.

페놀(C_6H_5OH)은 원유 속에 포함되어 있는 벤젠(C_6H_6)을 원료로 만드는 유기물입니다. 이것은 독특한 냄새를 가진 무색의 하얀 결정체인데, 세균을 죽일 뿐만 아니라, 인체에 독성이 있는 발암물질로 알려져 있으며, 피부에 원액이 묻으면 염증이 생깁니다. 페놀은 과거에 '석탄산'(石炭酸)이라 불렸는데, 그것은 과거에 원유가 아니라 석탄에서 페놀을 추출했고, 물에 녹으면 약한 산성을 가지기 때문입니다.

이 페놀은 아스피린을 비롯하여 제초제, 합성수지와 각종 플라스틱 제품의 제조 원료로 대량 사용됩니다. 화학실험실이나 의과대학 해부학 연구실에서도 여러 가지 용도로 쓰지요.

병원에서 소독용으로 많이 사용해온 크레졸은 페놀로부터 만든 살균제입니다. 약한 농도로 사용하기 때문에 인체에 해가 없지만, 진한 크레졸 용액은 유독합니다. 오늘날에는 독성이 약한 소독약을 주로 사용합니다.

화학공장에서 잘못하여 페놀이 강물에 씻겨 들어가면 하류의 물을 오염시킵니다. 그러므로 식수를 검사할 때는 페놀 성분의 유무와 농도를 조사합니다.

6

기체와 액체의 성질과 변화

질문 102.

원소 가운데 '비활성 기체'란 어떤 성질을 가진 것들인가요?

화학에서 비활성 기체라고 하면 헬륨(He), 네온(Ne), 아르곤(Ar), 크립톤(Kr), 크세논(Xe), 라돈(Rn) 6가지 원소를 말합니다. 수소 다음으로 가벼운 기체인 헬륨은 비행선에 수소 대신 채우고 있고, 아르곤이나 네온 기체는 네온사인으로 이용되어 화려한 밤거리 풍경을 만들고 있습니다.

20세기가 거의 끝날 때쯤까지만 해도 이 6가지 기체는 다른 원소와 절대 화학반응을 일으키지 않고 언제나 혼자 존재하는 것으로 생각되었습니다. 그래서 화학자들은 이들을 '비활성 기체'라고 부르게 되었습니다.

화학자들은 비활성 기체가 다른 원소와 화학반응을 하도록 온갖 노력을 다해보았습니다. 화학자들의 생각에, 이들이 다른 원소와 화합물을 만들기만 한다면, 생각지도 못한 신비스런 성질을 가진 물질이 될 것만 같았습니다. 1992년 캐나다의 화학자 네일 바틀렛은 드디어 크세논과 백금과 플루오르 3가지 원소를 결합시킨 XePtF6라는 화합물을 만들었습니다. 이후 화학자들은 30종류 이상의 비활성기체의 화합물을 만드는데 성공했습니다. 흥미로운 것은 이러한 화합물에는 반드시 '플루오르'(불소)라는 원소가 들어간다는 것입니다(질문 103 참조)

\<사진 102\> 비행선에는 불활성기체이며 수소 다음으로 가벼운 헬륨 가스를 채웁니다.

질문 103.
플루오르는 어떤 화학적 성질을 가진 원소입니까?

플루오르(F, 원자번호 9)는 불소(弗素)라고 불리기도 하는 연한 황갈색 기체입니다. 이 원소는 화학반응을 유난히 잘 일으키므로 거의 모든 원소와, 심지어 비활성 기체(질문 102 참조)로 알려진 아르곤이나 크립톤, 크세논, 라돈과 같은 기체와도 반응합니다. 만일 플루오르와 수소를 반응시킨다면 폭발하듯이 결합합니다. 플루오르를 녹인 물은 모래나 유리(규소)조차 녹일 수 있는 '플루오르화수소산'이 됩니다.

플루오르는 독성이 워낙 강하여 피부에 닿으면 심하게 화상을 입습니다. 이 물질은 규소를 녹이는 성질이 있으므로 반도체를 부식할 때 사용되고, 우윳빛 유리나 전구를 만들 때도 사용합니다. 플루오르는 의약으로도 사용되지만, 워낙 위험한 물질인지라 화학자들도 연구 대상으로 삼기 꺼려했습니다. 이 원소를 1886년에 처음 순수하게 분리한 프랑스의 화학자 헨리 모아상은 실험 중에 한쪽 눈의 시력을 잃었으며, 다른 몇 화학자들도 비슷한 피해를 입었답니다. 모아상은 플루오르에 대한 연구로 1906년에 노벨 화학상을 수상했습니다.

그러나 오늘날 화학의 세계에서 플루오르는 없어서는 안 될 원소가 되었습니다. 예를 들어 원자로를 가동하는데 필요한 우라늄-235를 우라늄-238로부터 분리하는데 필요하고, 냉장고의 냉매로 사용해온 프레온(CCl_2F_2)의 성분이기도 합니다. 플루오르는 혼자 있을 때는 매우 위험한 원소이지만, 프레온이 되면 불에 타지도 않고 알칼리나

〈사진 103〉 플루오르는 반도체를 만들 때 실리콘 부분을 부식하는 데 사용됩니다.

산에 변하지도 않으며, 플루오르와 결합시켜도 반응을 일으키지 않는 안정한 성질을 가지게 됩니다.

질문 104.

수소와 산소를 함께 유리병에 담아두면 물이 생기나요?

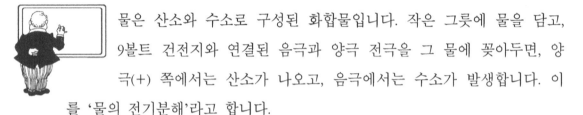

물은 산소와 수소로 구성된 화합물입니다. 작은 그릇에 물을 담고, 9볼트 건전지와 연결된 음극과 양극 전극을 그 물에 꽂아두면, 양극(+) 쪽에서는 산소가 나오고, 음극에서는 수소가 발생합니다. 이를 '물의 전기분해'라고 합니다.

산소와 수소를 함께 유리병에 담아 보통의 조건에 둔다면 수백 년이 지나도 물방울이 보이지 않습니다. 그 이유는 두 원소 사이에 화학반응이 너무나 느리게 일어나기 때문입니다. 그러나 두 원소가 담긴 그릇을 뜨겁게 해주면 금방 수증기가 유리병 벽에 맺히는 것을 볼 수 있습니다. 이것은 열이 화학반응 속도가 빨라지도록 작용한 때문입니다.

<사진 104> 자신은 변하지 않으면서 화학반응이 잘 일어나도록 돕는 물질을 촉매라고 합니다.

열은 왜 산소와 수소 사이에 화학반응이 빨리 진행되게 할까요? 화학반응이 일어난다는 것은, 예를 들어 산소와 수소가 결합하려면 산소와 수소의 분자(O_2, H_2)가 아니라 산소와 수소가 원자 상태(O, H)가 되어 서로 충돌해야 합니다. 보통의 조건에서는 산소나 수소의 분자는 원자 상태로 되지 않습니다. 그러나 뜨거운 열이 작용하면 쉽게 원자 상태로 되어, 두 원자는 빨리 결합합니다.

약 150년 쯤 전에 독일의 화학자 되베라이너(1780~

1849)는 매우 이상한 현상을 발견했습니다. 산소와 수소를 함께 담아둔 병은 아무리 두어도 물이 보이지 않는데, 그 병에 백금으로 된 철사를 집어넣었더니, 잠깐 사이에 물이 생겨났던 것입니다. 그는 백금 철사를 조사해 보았으나 거기에는 아무런 변화가 없었습니다. 백금 철사를 넣으면 물이 생겨나는 원인은, 백금이 산소와 수소가 빨리 반응하도록 작용한 때문이었습니다. 화학변화가 잘 일어나도록 돕는 물질을 '촉매'라고 합니다. 생물의 몸에서 온갖 화학반응이 쉽게 일어나도록 촉매작용을 하는 것은 '효소'들이지요.

질문 105.

탄광에서 폭발사고를 일으키는 메탄가스는 왜 생기나요?

지하 깊은 탄광에서는 때때로 폭발사고가 일어나 인명 피해를 입습니다. 지하에는 지난날 지구가 탄생할 때, 또는 생물체가 땅에 파묻혀 석탄이나 석유로 변화될 때 함께 발생한 메탄가스가 상당량 묻혀 있습니다. 암석 틈에 고여 있던 메탄가스가 탄광의 갱도로 스며들어 고여 있다가 작은 불씨를 만나면 폭발하는 것이지요.

메탄이라는 기체는 화학식으로 CH_4로 나타내는데, 동식물이 부패하거나 발효를 일으킬 때 발생합니다. 시궁창이나 폐수처리장, 젖은 쓰레기더미 등에서 부글부글 오르는 기포는 메탄가스입니다. 메탄가스는 화산에서 분출되는 가스에도 다량 포함되어 있으며, 약 35억 년 전의 지구 대기에는 지금보다 1,000배나 많은 메탄이 섞여 있었다고 생각합니다.

도시가스(천연가스)라는 것은 유전에서 나오는 가스를 파이프라인이나 가스 운반선에 실어와 연료로 사용하는 것입니다. 만일 유전에서 천연가스를 얻을 수 없다면 인류는 연료 부족의 어려움을 견뎌야 합니다. 유전에서 가져오는 천연가스는 약 97%가 메탄이랍니다. 메탄가스를 태우면 산소와 결합하여 이산화탄소와 물이 됩니다.

메탄 + 산소 → 이산화탄소 + 물

메탄이 가득한 갱도에서 폭발사고가 나면, 갱도에 있던 산소는 메탄을 태우느라 모두 없어지고 이산화탄소와 일산화탄소, 그리고 질소만 남게 됩니다. 그러면 갱도에 있던 사람은 호흡을 못해 목숨을 잃습니다.

메탄은 냄새도, 색도 없으며 인체에 무독합니다. 그러나 공기 중에 5~15%가 포함되면 폭발 위험이 있는 기체이지요. 화학자들은 메탄가스를 원료로 하여 여러 가지 중요한 수많은 종류의 화합물을 만들고 있습니다.

한편 메탄가스는 이산화탄소보다 태양열을 더 잘 흡수하는 성질이 있습니다. 메탄이 불타고 나면 이산화탄소로 변하지요. 그래서 메탄은 지구의 기온을 높이는 중요한 온실가스의 하나로 취급받기도 합니다.

<사진 105> 화산에서 분출되는 증기 속에는 메탄가스가 상당량 포함되어 있습니다.

질문 106.

양초가 타는 것을 보면 왜 심지 가까운 부분이 푸른색인가요?

양초가 타는 불꽃의 색을 보면, 심지 쪽은 푸른색이고, 중심과 가장자리 대부분은 주황색입니다. 심지 주변에서 더 뜨거운 색인 푸른

빛이 나오는 이유는 따로 있습니다. 양초의 성분은 '파라핀'이라는 화학물질입니다(질문 96 참조).

파라핀이 녹아 심지에서 기체로 되면 파라핀 성분 중의 수소가 먼저 공기 중의 산소와 결합하여 매우 뜨거운 온도로 타면서 푸른빛을 냅니다. 그리고 불꽃의 윗부분에서는 파라핀 성분 중의 탄소가 연소하게 되어, 이곳에서는 수소보다 낮은 온도의 색인 주황빛을 냅니다. 아궁이 가장자리나 굴뚝에 끼는 검댕은 탄소가 미처 타지 못한 것이 모인 것입니다. 양초의 푸른 불꽃 온도는 매우 높아 섭씨 1400도에 이릅니다.

〈사진 106〉 양초의 불빛을 보면 심지 주변에서는 수소가 타기 때문에 뜨거운 색인 푸른빛이 나고, 윗부분은 탄소가 타므로 노란색을 냅니다. 양초의 불꽃 온도는 장작불보다 더 뜨겁습니다.

질문 107.

장작불을 바라보면 왜 붉은색, 노란색, 푸른색 등의 불꽃이 보입니까?

장작이 타고 있는 화로나 아궁이 또는 캠프파이어를 자세히 드려다봅시다. 분명히 여러 가지 색의 불꽃이 위치를 바꾸어가며 나타나는 것을 관찰할 수 있습니다.

전기난로의 니크롬선(코일)이 뜨거워지는 것을 보면, 처음 스위치를 켰을 때는 어두운 붉은색이다가 온도가 오름에 따라 밝은 붉은색이 되고, 나중에는 오렌지색이 됩니다. 이때의 불빛은 코일이 타서 생긴 불꽃이 아니라, 뜨겁게 달구어진 코일의 온도 때문에 나오는 빛입니다.

만일 코일의 온도를 더 높인다면 노란색이 되고, 더욱 오르면 흰색이 되

<사진 107> 벽난로 속에서 불타는 장작의 불꽃색은 장작 위치에 따라 다릅니다. 그것은 각기 다른 물질이 연소하고 있기 때문입니다.

며, 아주 고온에 이르면 푸른 색을 내게 됩니다. 이것은 온도가 달라짐에 따라 나오는 불빛의 색이 변하는 것이지요. 즉 고온일수록 파장이 짧은 빛이 나옵니다. 이런 원리에 따라 별들의 색을 보면, 그 별의 온도를 짐작할 수 있습니다.

장작에서 여러 색의 불꽃이 나오는 것은, 장작에 포함된 여러 가지 무기물이 뜨거워진 때문입니다. 장작불은 촛불보다 온도가 낮으므로 대부분 주황색입니다. 그러나 탄소 입자가 타는 부분은 온도가 더 높아 노란색으로 빛나고, 나트륨 성분이 타면 선명한 노란색이 되며, 칼슘 성분이 있으면 진한 붉은색이, 그리고 인 성분이 있으면 녹색 불꽃이 보입니다. 이들 모든 색이 다 합쳐지면(멀리서 보면) 흰색의 빛으로 보이지요.

질문 108.
드라이아이스는 어떻게 만드나요?

드라이아이스는 얼음처럼 찬 흰색의 고체이며, 그 성분은 이산화탄소(탄산가스)입니다. 이산화탄소라는 기체는 일반 온도('상온'이라 함)와 기압('상압')에서는 기체 상태이지만, 이 기체를 높은 압력으로 압축하면 액체 상태로 변합니다.

1835년, 프랑스의 화학자 샤를 틸로리에는 이산화탄소를 고압 탱크에서 압축하면 액체 상태로 되고, 이것이 담긴 탱크의 뚜껑을 열면 빠르게 기화가 일어나면서 얼음처럼 된다는 사실을 처음 발견했습니다. 그로부터 약 90년이 지난 1925년에 뉴욕에 살던 토머스 벤튼 스테이트는 고체 이산화탄소를 만들어 '드라이아이스'라는 이름을 붙여 상업적으로 팔기 시작했답니다.

액체 상태의 이산화탄소를 상온 상압에 내놓으면, 순식간에 증발하면서 온도가 영하 78.5도까지 내려갑니다. 이처럼 액체화된 이산화탄소를 기계로 누르면 얼음 같은 고체의 드라이아이스 덩어리가 됩니다. 30kg짜리 6면체 덩어리로 만든 드라이아이스는 어선의 냉동 창고에 넣어 생선을 장시간 저온으로 보관하는데 사용하지요.

〈사진 108〉 드라이아이스를 담은 그릇에서 나온 수증기는 무겁기 때문에 이산화탄소와 함께 아래로 퍼져 내립니다.

공연장에서 무대 바닥에 구름처럼 안개가 피어오르게 할 때 드라이아이스를 사용합니다. 작은 크기로 만든 드라이아이스를 그릇에 담고 따뜻한 물을 부으면, 구름처럼 안개가 피어오릅니다. 이 안개는 이산화탄소가 아니라 수증기와 이산화탄소가 섞인 것입니다. 이산화탄소는 공기보다 무거운 기체이기 때문에 송풍기로 불면 찬 수증기와 함께 무대 바닥에 깔리게 되지요.

드라이아이스는 너무 차기 때문에 손이나 피부에 닿으면 곧 얼어 동상이 걸리게 됩니다. 드라이아이스를 페트병에 넣으면 폭발할 위험이 있습니다. 왜냐하면 드라이아이스가 기체로 되면 부피가 약 500배나 불어나니까요.

질문 109.
암모니아에서는 왜 나쁜 냄새가 나는가요?

분뇨라든가 썩은 물건에서 풍기는 암모니아 냄새를 맡은 사람은 즉시 고개를 돌리고 맙니다. 만일 독자들이 암모니아 냄새를 느끼면, 그 주변에 위생상 위험이 있거나 무언가 부패하고 있다는 것을 알고 상황을 확인해야 할 것입니다.

암모니아는 냄새는 싫지만 인간과 모든 생물에게 매우 중요한 화학물질입니다. 암모니아는 공기 중의 질소(N)와 수소(H)가 결합한 기체(NH_3)이므로 '암모니아 가스'라고 부르기도 합니다. 암모니아 가스는 물에 아주 잘 녹는 성질이 있으며, 암모니아가 녹아 있는 물을 '암모니아수'(화학명은 '수산화 암모늄')라고 합니다. 약국에서 파는 농도가 옅은 암모니아수는 약한 알칼리성을 가지므로, 독충에 쏘이거나 했을 때 해독을 위해 바르기도 하지요.

암모니아 가스를 압축하면 액체 암모니아가 되는데, 이것을 기화(氣化)시키면 온도가 영하 33도까지 내려갑니다. 이런 성질을 이용하여 암모니아는 냉장고의 온도를 내려주는 냉매(冷媒)로 이용되기도 합니다.

오늘날 세계 여러 나라의 공장에서 매년 약 1억 톤 이상의 암모니아를 생산하며, 그중 83%는 질소비료로 이용됩니다. 그 외에 나머지는 합성섬유, 질산, 화약 등 기타 여러 가지 화학물질을 만드는 원료로 쓰입니다. 오늘날 암모니아를 제일 많이 생산하는 나라는 중국(약 28.5%)이고, 그 다음으로 인도(8.6%), 러시아(8.4%), 미국(8.2%) 순입니다. 식물은 암모니아가 많이 섞인 땅에서 잘 자랍니다. 그래서 질소비료는 농부들이 가장 많이 사용하는 화학비료이지요.

동물이든 식물이든 그들의 몸을 구성하는 단백질에는 모두 질소 성분이 포함되어 있습니다. 동물들은 몸에 필요한 질소 성분을 전량 식물로부터 얻습니다. 그런데 식물은 공기 속에 순수한 질소가 아무리 있어도 그대로는 비료로 흡수하지 못합니다. 그러나 질소의 화합물인 암모니아라면 잘 흡수할 수 있습니다.

암모니아를 인공적으로 합성하는 기술은 1909년에 독일의 화학자 프리츠 하버(1868~1934)에 의해 개발되었습니다. 그의 이름을 붙여 '하버법'이라 부르는 암모니아 합성법은 화학의 역사에서 매우 중요한 발명이었으며, 그의 발명으로 싼값으로 질소비료를 비롯하여 질소화합물을 대량생산할 수 있게 되었습니다.

하버법으로 암모니아를 만들 때는 높은 압력과 온도와 촉매를 사용합니다. 놀랍게도 일부 미생물(콩과식물의 뿌리에 사는 뿌리혹박테리아 등)는 공기 중의 질소를 암모니아로 만들 수 있지요. 과학자들은 이들 미생물이 어떤 방법으로 암모니아를 몸속의 공장에서 조용히 합성하는지, 그 신비를 알아내려고 연구를 계속하고 있습니다.

<사진 109> 오늘날 농사에는 인공적으로 합성한 질소비료를 대량 사용합니다.

질문 110.
프로판가스와 천연가스는 어떻게 다릅니까?

유전에서는 원유만 아니라 불탈 수 있는 가스가 대량 배출되는데, 이런 가스를 '천연가스'라고 합니다. 유전에서 산출되는 천연가스는 압축하면 액체 상태로 변합니다. 이것을 '액화 천연가스'라고 하며, 유전에서는 이것을 거대한 냉동 가스 운반선에 실어 세계의 도시로 보냅니다. 대도시의 가정에서 파이프라인으로 공급되는 도시가스는 바로 이 천연가스입니다. 천연가스는 화력발전소에서도 연료로 사용합니다.

천연가스를 화학적으로 분석하면 거기에는 메탄가스 외에 에탄가스, 프로판가스, 부탄가스 등 여러 가지 기체가 포함되어 있습니다. 이들 기체는 모두 불탈 수 있습니다. 특히 프로판 가스는 가정의 연료로도 사용하지만 자동차 연료로 많이 쓰고 있습니다. 이들 가스의 주성분은 다 같이 탄소와 수소 입니다.

지난 2007년 말에는 서해상에서 원유를 운반하던 유조선이 충돌사고를 일으켜, 원유를 바다에 쏟아 큰 피해를 주었습니다. 원유는 고대에 바다에 살던 단세포의 하등식물('규조'라고 부름)이 죽어 바다 밑에 수천만 년 쌓여 있다가 지각 변동 때 땅 밑에 묻혀 높은 열과 압력을 받아 생겨난 것입니다.

석유화학공장에서는 원유 속에 포함된 여러 가지 화합물을 성분별로 분리하여 각종 연료와 화학제품의 원료로 이용하도록 합니다. 원유를 화학적으로 분류하는 과정을 정유(精油)라고 말하며, 원유를 분리하여 여러 가지 화학물질을 만드는 곳을 '정유공장'이라 하지요

정유공장에서는 원유에서 수백 가지 화학물질을 분리합니다. 그 중에는 비행기와 자동차의 연료로 쓰는 액체 상태의 항공유, 휘발유, 경유, 등유 등을 비롯하여 메탄, 에탄, 프로판, 부탄 등의 가스, 그리고 플라스틱, 함성섬

유, 합성고무, 세제, 비료, 살충제, 의약품, 염료, 폭발물, 심지어 아스팔트 제조에 쓰는 온갖 물질들이 포함되어 있습니다. 그러므로 만일 지하의 원유를 다 소모하여 더 이상 생산하지 못한다면, 오늘날과 같은 편리한 화학공업의 시대가 어려움을 맞게 될 것입니다.

<사진 110> 천연가스나 프로판가스 운반선은 둥그런 고압 탱크에 가스를 저장합니다.

질문 111.

오존층을 파괴한다는 프레온 가스는 어떤 기체입니까?

지난 날, 냉장고나 에어컨의 온도를 내리는 데는 '프레온'이라는 가스를 사용했습니다. 이 가스는 압력을 주면 쉽게 액체로 변하고, 액체화된 프레온에 압력을 주지 않으면 곧 기체로 되면서 주변의 온도를 내립니다. 이러한 성질을 가진 물질을 보통 '냉매(冷媒)라고 부릅니다. 냉매인 프레온은 매우 편리하여, 미국의 유명한 화학회사 듀퐁사가 1931년에 개발한 이후 장기간 잘 사용해 왔습니다.

염소(Cl)와 불소(F) 및 탄소(C)로 구성된 프레온은 색도 냄새도 없고 인체에 무해합니다. 그러면서 다른 물질을 잘 녹이는 성질도 가지고 있습니다. 그래서 프레온은 냉매 외에 스프레이 분사제로도 대량 사용해 왔습니다.

그러나 1970년대에 프레온 가스가 공기 중에 섞여 고공으로 올라가면, 그곳에 있는 오존층을 파괴한다는 사실을 알게 되었습니다. 오존층이란 지상 약 25km 높이의 공기 중에 포함된 산소(O_2)가 태양으로부터 오는 강한 자외선의 영향을 받아 오존(O_3)으로 변하여 다량 존재하는 대기층입니다. 오존이 많은 대기층은 태양에서 오는 강력한 자외선을 **흡수**하여 차단해주는 역할을 합니다. 만일 오존층이 없다면 지구 표면까지 강한 자외선이 비쳐 생물이 살기 어려운 환경이 된답니다. 강한 자외선은 세균만 죽이는 것이 아니라, 인간에게 피부암을 발생시키고, 세포의 성분을 파괴하여 유전적인 결함이 생기도록 합니다.

이러한 사실을 알게 된 과학자들은 프레온 대신 오존층을 파괴하지 않는 친환경 대체 냉매를 새로 개발하게 되었습니다. 오늘날 세계 각국은 프레온을 사용하지 않도록 규정하게 되었고, 그에 따라 프레온 생산량은 크게 줄어들었습니다.

<사진 111> 냉매로 사용하는 프레온 가스의 분자 구조를 나타냅니다. 프레온 분자는 탄소(C) 1개, 염소(Cl) 3개, 플루오르(F) 1개 원자가 각각 결합하고 있습니다.

질문 112.

중요한 기체 원소의 성질을 알려주세요.

수소(Hydrogen, 원소기호 H, 원자번호 1) : 무색, 무취, 무미한 가장 가벼운 물질이며, 불타면 산소와 결합하여 물이 됩니다. 별의 성분은 대부분 수소이며, 우주 전체의 75%를 차지하지만, 지구의 공기 중에는 매우 적게 섞여 있고, 물을 전기분해하여 만듭니다. 가벼운 성질 때문에 과거에는 풍선에 넣었으나 폭발 사고가 나기 때문에 사용하지 않습니다. 수소는 화학반응이 매우 잘 일어나는 원소이며, 모든 유기물의 주성분이기도 합니다. 수소는 2개의 원자가 결합하여 하나의 분자(H_2) 를 이룹니다.

헬륨(Helium, 원소기호 He, 원자번호 2) : 수소 다음으로 가벼운 기체이 며 무색, 무미, 무취, 무독하고, 불에 타지 않아 풍선에 수소 대신 넣습니다. 우주에서는 수소가 핵융합 반응하여 헬륨으로 되므로, 수소 다음으로 많은 원소이지만 지구의 대기에는 극히 미량만 존재합니다. 그러나 천연가스 속 에는 약 7% 포함되어 있어, 여기서 분리한 헬륨은 수소 대신 기구(풍선)에 넣습니다. 액체 상태로 만든 헬륨은 섭씨 영하 273도('절대온도 0도'라고 말 하는 가장 낮은 온도)까지 내려가 초전도 현상을 보입니다. MRI라고 부르는 병원 진단장비와 반도체 제조에도 사용됩니다.

질소(Nitrogen N, 원자번호 7) : 지구를 덮고 있는 공기의 78.1%를 차지 하며, 우주 전체에서는 7번째로 많이 존재하는 기체입니다. 질소는 무색, 무 미, 무취하며, 화학적으로 안정하여 공기 중에서는 다른 물질과 쉽게 결합 하지 않습니다. 그러나 질소는 모든 생물체를 구성하는 단백질과 핵산의 성 분입니다. 또한 식물은 뿌리에서 질소를 흡수하여 단백질과 질소가 포함된 유기화합물을 만듭니다. 또한 질소가 주성분인 질산은 화학공업에서 매우 중요하게 사용되는 화합물입니다.

질소를 높은 압력으로 압축하면 액체 상태의 질소가 되는데, 이때 액체질 소의 온도는 영하 195.8도까지 내려갑니다. 그러므로 저온에서 일어나는 신 비한 현상을 연구하는 과학자들에게는 액체질소가 매우 중요한 물질입니다. 먼 훗날 장기간의 우주여행을 위해 인간이 동면해야 한다면 액체 질소의 온도에서 지내야 할 지 모릅니다.

산소(Oxygen O, 원자번호 8) : 우리가 호흡하는데 없어서는 안 되는 산소는 지구 공기 중에 약 21% 포함되어 있으며, 지각(地殼) 속(모래, 바위 등)에 가장 많이(약 49.2%) 포함된 물질입니다. 산소는 수소와 함께 강과 바다의 물을 만들고 있으며, 생물체의 몸을 이루는 단백질, 탄수화물, 지방 모두에 포함되어 있기도 합니다. 또 산소는 이산화탄소와 일산화탄소의 성분이기도 합니다. 산소는 식물이 광합성을 할 때 생겨나며, 화학작용이 강하여 쇠가 녹슬게 하고, 물체가 탈 때는 반드시 필요하지요.

산소를 고압으로 누르면 액체산소가 되는데 이때의 온도는 섭씨 영하 약 183도에 이릅니다. 또 온도를 더 내리면 영하 218.8도의 고체 산소가 되기도 합니다. 우주선을 운반하는 로켓은 연료를 태우기 위해 액체 산소를 가지고 갑니다. 고공에는 일반 산소(O_2)와 원자 상태의 산소(O)가 결합한 오존(ozone, O_3)이 있는데, 오존은 태양에서 오는 강한 자외선을 차단해주는 작용이 있습니다.

네온(Neon Ne, 원자번호 10) : 네온은 우주 전체에는 수소, 헬륨, 산소, 탄소 다음으로 5번째로 많은 원소이지만, 지구상의 공기 중에는 매우 소량 존재하는 기체입니다. 화학작용이 아주 약하여 특별한 화합물로는 존재하지도 않고 이용되지도 않습니다. 그러나 밤거리 광고판에서 붉은 오렌지색으로 빛나는 네온사인은, 유리관 속에 넣은 네온 가스가 전기 에너지에 의해 내는 빛이랍니다. 네온 가스를 액화시킨 것은 냉장고 등에서 저온을 만드는 냉매(冷媒)로 사용합니다.

<사진 112> 유리관 속에 넣는 물질의 종류에 따라 네온사인의 색이 달라집니다. 네온 가스를 이용한 붉은 오렌지색 등이 제일 먼저 발명되었기 때문에 다른 색의 등도 네온사인이라 부르게 되었습니다.

질문 113.

고체 상태가 된 얼음은 왜 액체인 물보다 가볍게 되나요?

일반적으로 기체일 때 가장 가볍고, 고체일 때 가장 무거우며, 액체는 그 중간일 것으로 생각됩니다. 그러나 이상스럽게 물은 고체 상태인 얼음일 때 액체 상태일 때보다 가벼워져 물에 뜹니다. 물이 이런 특별한 성질을 가지고 있는 것은 참 다행한 일입니다. 호수나 강의 표면에 언 얼음이 무거워 모두 아래로 가라앉아버린다면 어떤 일이 일어날까요? 추운 겨울이면 호수와 강은 전체가 바닥까지 거대한 얼음덩이로 변하겠지요.

물은 섭씨 3.98도(약 4도)일 때 가장 무겁습니다. 이 보다 온도가 높아지면 물의 무게는 조금씩 가벼워집니다. 또한 이보다 온도가 내려가도 가벼워지지요. 물이 고체 상태일 때 더 가벼워지는 것은, 액체 상태일 때보다 분자의 구조가 다소 엉성해져 부피가 증가하기 때문입니다.

액체 상태일 때가 고체 상태일 때보다 무거운 물질에는 물 이외에 '비스무드'라는 희귀한 금속이 한 가지 더 있습니다. 그 외는 모두 고체일 때 무겁답니다.

<사진 113> 물보다 가벼워진 빙산이 해류를 따라 이동합니다. 만일 얼음이 물보다 무겁다면 남북극의 바다는 전체가 얼음덩이가 될 것입니다.

질문 114.

바다를 가득 채우고 있는 물이라는 물질은 애초에 어떻게 생겨났나요?

지구의 표면은 바다가 70% 이상 차지하고 있어, 지구(地球)라고 하기보다 수구(水球)라는 이름이 더 적당하다고 말하기도 합니다. 지구의 낮은 곳을 모두 채우고 있는 물은 지구가 막 탄생한 46억 년 전부터 생성되기 시작했습니다.

지구상의 물은 주로 3가지 과정에 의해 생겨났다고 생각됩니다. 첫째는 지구가 처음 탄생하면서 굳어질 때, 우주 먼지 속에 상당량의 물이 있었다는 생각입니다. 두 번째는 지구 표면에 떨어진 수많은 혜성들로부터 현재 있는 물의 절반 이상이 왔다는 것입니다. 실제로 혜성의 머리에는 얼음 상태의 물이 많이 있으니까요. 그리고 세 번째는 과거에 수많은 화산이 활동할 때 그 분화구에서 많은 양의 수증기가 나왔다는 생각입니다. 지금도 화산 분화구 위에는 수증기를 가득 담은 구름이 피어오릅니다.

과학자들은 만일 지구상에 물이 없었더라면, 생물체가 생겨날 수 없었을 것이라고 생각합니다.

<사진 114> 활화산 분화구에서 나온 수증기가 식어 구름을 만들고 있습니다.

질문 115.

바닷물에는 어떤 물질이 가장 많이 녹아 있나요?

지구 표면에 물이 가득하게 된 것은 온갖 생명체가 지구상에 탄생할 수 있게 된 첫째 조건입니다. 물이 없다면 어떤 생명체도 존재할 수 없으니까요. 바다에 모인 물의 양은 지구 전체에 있는 물의 97.2%입니다.

바닷물에는 지상과 지하에 있는 여러 물질들이 다량 녹아 있습니다. 그 중에 대표적으로 많은 것이 바닷물의 약 3.5%를 차지하는 소금입니다. 소금의 화학 이름은 염화나트륨($NaCl$)입니다. 이것은 염소(Cl)와 나트륨(Na)이 화합한 물질임을 나타냅니다.

바닷물에는 소금의 성분 외에 칼륨, 마그네슘, 칼슘, 망간, 요드, 브롬, 황, 붕소, 우라늄 등 세상에 있는 거의 모든 원소가 녹아 있습니다. 바닷물을 햇빛에 건조하면 염분(소금 성분)만 남게 되는데, 이를 천일염(天日鹽)이라 합니다. 천일염에는 온갖 염류(미네랄)가 포함되어 있으므로, 순수한 소금보다 건강에 더 좋다고 하겠습니다.

우리의 몸은 체중의 0.9%가 소금입니다. 소금을 오래도록 섭취하지 않으면 죽게 되고, 너무 많이 먹으면 고혈압이 됩니다.

〈사진 115〉 물은 지상의 모든 물질을 녹여 바다로 운반합니다. 바닷물에 가장 많이 녹아 있는 물질은 소금입니다.

질문 116.

바닷물에서 담수를 뽑아낼 때는 어떻게 합니까?

사우디아라비아 등 중동의 여러 나라는 석유가 많이 나지만 사막의 나라인지라 물이 귀합니다. 그래서 이런 나라는 바닷물에서 담수(소금기가 없는 물)를 뽑아냅니다. 해수로부터 담수를 생산하는 시설을 '해수 담수화 공장' 또는 줄여서 '담수화 공장'이라 합니다. 우리나라의 두산중공업은 중동의 여러 나라에 세계 최대 규모의 해수 담수화 공장을 건설하는 회사로 유명합니다.

해수담수화공장에서는 '이온교화수지'라고 부르는 특수한 막을 사용하여 담수를 걸러냅니다. 이온교화수지는 화학 용어로 '반투막'이라고 하지요. 소금물을 반투막으로 가로막으면, 반투막을 통해 물만 걸러져 나오고, 염분은 그대로 남습니다. 이온교환수지라는 반투막을 막대한 양 사용하는 담수화공장을 가동하려면 높은 압력이 필요하므로 많은 전력이 소요됩니다.

바닷물의 소금 농도는 지역에 따라 조금 다릅니다. 큰 강이 흘러드는 곳의 바다는 염분 농도가 낮습니다. 또 빙하가 흘러내리는 곳 주변도 염분이 적습니다. 빙하의 물에는 소금기가 없기 때문입니다. 세계에서 소금 농도가 가장 진한 바다는 홍해입니다. 홍해 주변은 물이 흘러드는 강이 적고, 비도 조금 내리며, 기온까지 높아 증발이 많은 지역이기 때문입니다.

세계 곳곳에는 소금광산이 있습니다. 고대의 소금 호수가 완전히 건조하여 지하에 묻힌 것이 소금광산이며, 이곳에서 생산되는 소금을 암염(巖鹽)이라 합니다. 암염은 광석처럼 채굴하기도 하고, 물을 쏟아 넣어 진한 소금물을 펌프로 퍼내어 재건조하기도 합니다. 전 세계의 연간 소금 생산량은 2억 톤을 넘으며, 전체의 17.5%는 식용으로 이용되고, 나머지 대부분은 화학제품을 생산하는 원료로 사용됩니다.

7

생활 주변의
금속과 세라믹

질문 117.

알루미늄은 왜 녹이 생기지 않나요?

창틀, 냄비, 주전자 등의 원료가 되는 알루미늄(Al, 원자번호 13)은 지구상에 산소와 규소 다음으로 많이 존재하는 은회색 원소로서, 지구 무게의 8%를 차지하고 있습니다. 인체에 해가 없고 부식에 강한 알루미늄은 철 다음으로 많이 사용되는 금속이지요. 이 원소는 가볍고 단단하면서 화학반응이 잘 일어나는 물질이기 때문에 아연, 구리, 마그네슘, 망간, 규소 등과 합금하여 우주선과 비행기, 차, 건축자재 등으로 대량 사용됩니다.

오래된 못을 보면 적갈색으로 녹이 슬어 있으며, 어떤 것에서는 녹물이 흘러내리기도 합니다. 이것은 쇠가 공기 중의 산소와 화합하여 산화철이 된 것입니다. 녹슨 쇠는 단단하던 철의 성질을 잃어버리고 쉽게 부서집니다. 쇠가 녹슬려면 반드시 수분이 있어야 합니다. 그러므로 쇠가 녹스는 것을 방지하려면 산소 및 습기와 접촉하지 못하도록 쇠 주변에 다른 금속을 바르거나(도금), 페인트 또는 기름을 칠해 보호막을 만들어주어야 합니다.

녹이 슬지 않는 은백색의 스테인리스강은 철에 크롬이라는 금속을 10~30% 혼합하여 만듭니다. 크롬 외에 니켈과 아연 등을 섞기도 하는데, 이렇게 만든 철 합금은 단단하면서 녹이 나지 않아 편리하게 이용됩니다. 녹슬지 않는 스테인리스강이라 하더라도 강한 산이나 알칼리성 물질과 접촉하면, 표면이 변질하여 녹이 생길 수 있습니다.

창문틀이나 냄비, 주전자 등의 원료인 알루미늄도 산소를 만나면 산화알루미늄('알루미나'라고 부름)이 됩니다. 그러나 알루미늄 표면의 알루미나는 투명하여 보이지 않습니다. 알루미늄의 녹은 치밀한 막을 이루기 때문에, 그 내부의 알루미늄이 산화되지 않도록 막아주는 작용을 합니다.

<사진 117> 가볍고 단단한 알루미늄은 창틀을 만드는 중요한 자재입니다.

'보크사이트'라는 것은 알루미늄이 대량 포함된 대표적인 광물입니다. 알루미늄은 전기를 잘 통하고 열도 잘 전하며, 빛을 아주 잘 반사합니다. 은박지는 모두 알루미늄으로 만들고 있습니다.

보석으로 취급받는 루비라든가 사파이어는 주성분이 산화알루미늄입니다. 여기에 크롬이 포함되어 있으면 붉은빛이 나는 루비가 되고, 티타늄이 있으면 푸른색 사파이어가 된답니다. 과학자들은 산화알루미늄을 섭씨 2,000도 이상 높은 온도로 처리하여 인공 루비나 사파이어를 만들기도 합니다.

질문 118.

가스레인지 불 위에 은수저를 가까이 가져가면 왜 검푸르게 변색되나요?

은(銀)은 '금메달, 은메달, 동메달'의 자리를 차지하듯이 귀중한 금속입니다. 은을 영어로는 silver라고 하지만 화학 기호로 나타낼 때는 Ag라고 씁니다. Ag는 argentum('반짝이는 흰색')이라는 라틴어에서 따온 것입니다. 원자번호가 47번인 은은 다른 물질과 화학변화를 잘 일으키며, 전기를 가장 잘 통하는 동시에 열도 잘 전도하는 금속입니다.

은은 부드러운 금속이어서 가공하기 쉬웠기 때문에 은화라든가 은그릇, 은수저, 장신구, 종교의식에 쓰는 잔과 촛대 등을 만드는 재료로 귀중하게 사용되어 왔습니다. 순수한 은은 너무 무르기 때문에 약간의 구리(약 7.5%)

를 섞어야 단단한 은제품으로 만들 수 있습니다. 또한 은은 빛을 가장 잘 반사하기 때문에 거울을 만드는데 많이 사용되고, 사진 필름에 바르기도 하며(질문 18 참조), 고급 전기장치나 전선으로 쓰입니다.

은은 화학적인 변화를 잘 일으키므로 화학공업에서 많은 양을 소모합니다. 흥미롭게도 은은 세균을 죽이는 성질도 가지고 있습니다. 은이 왜 항생력을 가지는지 그 이유는 확실히 알지 못합니다. 은을 넣은 '실버설퍼다이아진'이라는 연고는 심하게 화상을 입은 곳에 발라 감염을 방지하는 귀중한 약으로 쓰입니다. 또 최근에는 세탁기라든가 의복 등에 은을 처리하여, '세균을 막아주는 바이오 제품'이라고 선전하기도 합니다.

치과에서 벌레 먹은 부분을 땜질할 때 은과 수은을 합금한 '아말감'(수은에 다른 금속을 녹인 것)으로 메웁니다. 아말감은 치료 작업 후 몇 시간 지나면 단단하게 굳어버리지요. 근래에 와서 치과에서 사용하는 아말감에서 수은이 녹아나온다고 하여 사용을 금하거나 기피하기도 합니다.

가정에 있는 은수저라든가 은 접시 등은 자칫하면 검게 녹이 생깁니다. 이것은 집안에 피운 석유 난로 등에서 생긴 황화수소(H_2S)와 은이 결합하여 황화은으로 변한 때문입니다. 은을 변색시키는 황화수소는 연탄가스라든가, 석유나 천연가스가 탈 때 그 속에 포함된 황이 연소하면서 생겨납니다.

<사진 118> 가톨릭 성당에서는 은으로 십자가나 촛대, 잔 등을 만들어 신성한 분위기를 만듭니다.

질문 119.

두랄루민은 얼마나 가볍고 단단한 합금인가요?

금속은 순수한 원소일 때보다 합금을 했을 때 더 단단하고 화학적으로 부식에 강한 금속이 되는 경우가 많습니다. 구리는 무른 금속입니다. 10원짜리 적동색 동전은 구리가 주원료이고, 여기에 아연과 주석을 섞은 합금이랍니다. 또 100원이나 500원짜리 은백색 동전도 구리(75%)와 니켈(25%)의 합금이랍니다. 이처럼 합금으로 만든 금속은 훨씬 단단합니다.

독일의 두레너 금속회사에서 일하던 알프렛 빌름은 1903년 아연에 구리와 마그네슘을 소량 혼합하여 쇠처럼 단단하면서 철 무게의 3분의 1에 불과한 합금을 발명하였습니다. 이후 두레너 회사는 새로 개발한 합금에 회사이름과 알루미늄을 합하여 '두랄루민'이라는 상품명을 붙였습니다.

두랄루민은 비행기 동체를 만드는데 매우 적합했으므로 비행기의 발달을 재촉했습니다. 한편 두랄루민보다 더 강하면서 가벼운 알루미늄 합금이 계속 연구되었습니다. 두랄루민을 능가하는 합금을 '초두랄루민'이라 부르는데, 여기에는 망간이라든가 규소와 같은 원소도 혼합하고 있습니다.

<사진 119> 가볍고 단단한 두랄루민으로 비행기 동체를 만들게 되면서 비행기 산업이 발달하게 되었습니다.

167

질문 120.

백금은 어떤 성질을 가진 귀금속인가요?

귀금속으로 취급받는 백금(Pt, 원자번호78)은 매장량이 금의 30분의 1 정도에 불과한 매우 귀한 금속입니다. 백금은 무거우면서 매우 단단하고 열에 강하며(녹는 온도 섭씨 1768도), 화학물질에 대해 잘 변하지 않는 성질을 가진 회백색 금속입니다. 백금은 염산이나 질산에는 녹지 않으나, 염산과 질산을 3:1로 혼합한 용액('왕수'라고 부름)에는 녹습니다.

백금은 반지나 목걸이 등의 장신구 제조를 비롯하여, 치과에서 이빨을 고치는데 많이 사용합니다. 백금은 화학반응이 잘 일어나게 하는 촉매작용이 강하여, 암모니아 제조와 같은 화학공업에서 매우 유용하게 이용하지요. 자동차 엔진에서는 연료가 남김없이 잘 타도록 촉매작용을 하여 배기가스를 줄여줍니다.

백금은 전기를 잘 통하는 금속이기 때문에 중요한 전자제품의 전극으로 이용됩니다. 특히 최근 여러 나라가 경쟁하여 개발하는 연료전지에서 백금은 촉매로 중요하게 사용됩니다.

질문 121.

금속은 모두 고체인데 액체 상태의 금속은 수은뿐인가요?

수은은 영어로 머큐리(mercury)라고 하지만, 원소기호는 Hg로 나타냅니다. 이것은 '은을 닮은 액체'라는 뜻을 가진 라틴어(*hydrargyrum*)에서 온 것입니다. 수은은 원자번호가 80인 매우 무거운(물보다 13.5배 이상) 은색의 원소입니다. 수은은 지구상에 많지 않은 금속이면서 매우 중요한 물질로 이용되고 있습니다.

고대에도 그랬지만, 반세기전까지만 해도 수은은 건강에 유익한 물질이라고 생각하고 있었습니다. 그러나 1950년대에 일본 미나마타 지방에서 수많은 사람이 신경과 근육에 장애가 발생하고 성장에 심각한 지장이 있어, 그 원인을 조사한 결과 근처 공장에서 촉매제로 사용한 수은 화합물이 체내로 들어간 때문이란 것을 알게 되었습니다. 이때 약 3,000명의 사람이 피해를 입었으며, 그 이후 수은은 매우 위험한 중금속으로 조심스럽게 다루는 물질이 되었습니다.

이처럼 유독한 수은이지만, 자연계에서 산출되는 수은의 화합물인 황화수은(HgS)는 인체에 해가 없답니다. 오늘날 수은은 온도계, 기압계, 수은전지, 형광등, 의약, 살충제, 금과 은을 채굴할 때 등에 쓰이고 있습니다. 수은의 독성이 알려진 이후로는 광산에서나 살충제 등으로 사용하지 않게 되었습니다. 고장 난 형광등을 함부로 버리지 못하게 하는 것은, 그 안에 소량의 수은이 들어 있기 때문입니다. 그러므로 형광등은 깨지 말고 지정된 장소에 버리도록 합니다. 유리관 속에 수은을 넣어 만들던 온도계는 붉은 색소를 탄 알코올을 대신 넣고 있습니다. 그러나 정밀한 온도계가 필요한 곳에서는 수은온도계를 지금도 사용합니다.

<사진 121> 온도계에는 수은 대신 붉은 물감을 탄 알코올을 넣고 있습니다.

금속이면서 액체인 것은 수은 외에 세슘, 프랑슘, 갈륨, 루비듐이 있고, 비금속이면서 액체인 것에는 브롬이 있습니다. 수은도 섭씨 영하 39도 이하로 내려가면 고체가 되고, 영상 300도를 넘으면 기체로 됩니다. 300도 이상의 고온은 수은온도계로 재지 못하므로 그때는 갈륨(Ga)이라는 원소를 넣은 온도계로 약 2,400도까지 잴 수 있습니다.

질문 122.

전구 속의 필라멘트는 왜 텅스텐(중석)으로 만드는가요?

텅스텐이라는 금속은 영어로 tungsten('무거운 돌'이라는 의미)이라 쓰면서 화학 기호로는 W로 표시하는데, 이것은 'wolfram'(볼프람)이라는 독일어입니다. 원자 번호가 74번인 텅스텐은 매우 강하고 무거운(물의 19배 이상) 금속으로, 우리말로는 중석(重石)이라고 부릅니다. 이 금속은 어떤 원소보다 열에 강하여 섭씨 3,422도 이상 되어야 녹습니다.

에디슨이 처음 백열전구를 만들었을 때는 필라멘트로 탄소를 사용했습니다. 하지만 탄소 필라멘트는 달아오르면 얼마 못가 녹아버렸습니다. 그러나 필라멘트 재료로 텅스텐을 사용하게 되면서 백열전구의 수명은 길어졌습니다. 백열전구 속은 진공상태입니다. 만일 산소가 포함되어 있으면 텅스텐도 불타 고열이 되어 녹아버리고 맙니다.

텅스텐을 철에 소량 혼합하면 대단히 강한 쇠가 되므로, 텅스텐 합금은 쇠를 깎는 기계를 제조할 때, 높은 열에 견뎌야 할 우주선이나 경기용 자동차의 부속, 터빈의 날개 재료 등으로 사용합니다.

모든 물질은 온도가 높아지면 부피가 늘어납니다. 이런 물리적 현상을 '열팽창'이라 하는데, 텅스텐은 마치 내열 유리처럼(질문 125 참조) 열팽창률이 가장 적은 물질이기도 합니다. 지구상에는 텅스텐의 매장량이 많지 않아 아껴 써야 할 자원의 하나이기도 합니다.

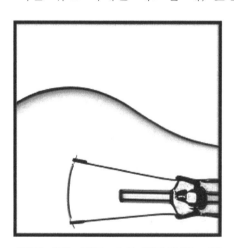

<사진 122> 전구 속의 필라멘트는 열에 강한 금속인 텅스텐으로 가느다란 코일로 만들어 사용합니다.

질문 123.

무거운 금속인 납은 인체에 어떤 위험이 있나요?

납(Pb, 원자 번호 82)은 구리와 마찬가지로 수천 년 전부터 이용되어온 금속입니다. 납을 영어로는 리드(lead)라고 하지만, 원소 기호 Pb는 납을 의미하는 라틴어 *plumbum*(부드러운 금속이라는 뜻)에서 따온 것입니다. 여러 금속 가운데 납은 낮은 온도에서 녹고, 가공하기 쉬워 납땜용으로도 많이 이용되어 왔습니다.

낚시의 추라든가, 고기를 잡는 그물을 드리우는 추는 지금도 납으로 만들고 있습니다. 납은 무거우면서 바닷물이나 황산 속에 있어도 부식되지 않는 성질을 가지고 있어 추로 쓰기에 매우 편리한 금속이지요. 또 총알은 모두 납을 넣어 만드는데, 무거워야 멀리 날아갈 수 있기 때문입니다.

납은 자연에서 은이나 구리, 아연 등과 함께 산출되며, 방연광에는 납이 86.7%나 포함되어 있습니다. 과거에는 납을 섞은 흰색 페인트를 사용했는데, 페인트에서 나온 납 성분이 인체에 쌓이면, 효소의 작용을 방해하여 중추신경계와 신장, 혈관 등에 장애를 준다는 사실이 밝혀져, 지금은 납 대신 독성이 적은 티타늄을 이용한 흰색 페인트를 생산합니다. 낚시용으로 만든 추를 입으로 깨물거나 하는 행동은 삼가야 합니다.

<사진 123> 총알의 탄두는 모두 납을 넣어 만들고 있습니다.

질문 124.
유리는 무엇으로 만드는가요?

유리에 대해 알려면 유리의 원료인 모래와, 그 주성분인 규소라는 원소에 대해 조금 이해할 필요가 있습니다. 규소(硅素 Si, 원자번호 14)는 우주에서는 8번째로 많은 비금속 원소이며, 지구에는 산소 다음으로 풍부한 물질입니다. '돌과 흙의 성분'이라는 의미를 가진 규소는 모래, 화강암, 점토, 규산염(칼슘, 나트륨, 알루미늄, 마그네슘, 철 등과 화합한 상태) 등에 포함되어 있으며, 지각 전체 성분의 25.7%를 차지합니다. 모래 또는 바위에는 산화규소(SiO_2)가 95% 이상 포함되어 있습니다.

모래는 좀처럼 녹지 않는 단단한 물질로서, 섭씨 1,700도 이상 온도를 높여야 액체 상태가 됩니다. 유리는 이러한 모래(산화규소)에서 규소 성분만 뽑아낸 것이랍니다. 암석 중에 유리처럼 투명하게 생긴 석영(石英)은 거의 100%가 규소 성분입니다. 규소는 매우 단단한 암회색 고체이며, 순도가 높은 규소는 수정이나 보석의 모습으로 존재하기도 합니다. 모래는 유리와 콘크리트의 원료로 너무나 중요하지요.

약 5,000년 전부터 사람들은 단단하면서 빛을 잘 투과시키는 유리를 만들어 매우 귀중하게 이용해 왔으며, 오늘날 유리 제조 공업은 대단히 중요한 산업의 하나입니다. 규소는 유리, 시멘트, 도자기, 실리콘(질문 45 참조)을 만드는 주원료입니다. 특히 실리콘은 조건에 따라 전기를 통하는 전도체가 되기도 하고, 반대로 부도체가 되기도 하는 성질을 가진 물질이기 때문에 '반도체 물질'이라 부르며, 컴퓨터와 휴대전화기 등의 마이크로프로세서를 비롯하여, 태양전지와 기타 전자제품 제조에 중요하게 쓰입니다.

규소는 동물의 몸에는 극히 소량 포함되어 있지만, 규조(硅藻)라고 부르는 물에 사는 하등식물(대부분이 단세포)의 외부 보호막은 모두 산화규소 성분

<사진 124> 투명한 유리가 없었더라면 건물 속으로 햇빛이 자유롭게 들어오지 못하고, 외부를 시원하게 내다볼 수도 없을 것입니다.

으로 이루어져 있습니다(질문 109 참조).

유리를 만들 때 높은 온도를 내자면 연료비가 너무 많이 듭니다. 그러나 모래에 나트륨(소다)과 석회석을 조금 혼합하면 훨씬 낮은 온도(약 900도)에서 녹습니다. 유리에는 아주 소량의 철분이 포함되어 있는데, 유리를 여러 장 쌓아두면 연한 푸른색을 나타내는 것은 이 철분 때문입니다. 유리공장에서 투명한 빛의 유리를 만들 때는 셀렌이란 물질을 조금 혼합합니다. 그러면 약간 붉은 빛이 보태져 푸른색을 상쇄하기 때문에 투명하게 보입니다. 유리공장에서 색유리를 만들 때, 푸른색을 내려면 코발트를 혼합하고, 자주색은 망간, 녹색은 크롬과 철을 섞는답니다.

질문 125.
실험실의 플라스크나 비커 등은 왜 뜨거운 열에도 잘 견디나요?

일반적인 유리병에 뜨거운 물을 부으면 짝! 하고 깨어져 버립니다. 이것은 뜨거운 열에 유리가 팽창하여 금이 가는 것입니다. 그러나 화학실험실에서 사용하는 유리 기구들은 뜨겁게 열하거나, 갑자기 찬 곳으로 꺼내놓거나 해도 잘 깨지지 않습니다. 이처럼 열에 잘 견디는 유

<사진 125> '쇼트 듀란'이라는 상품명으로 제조된 실험실의 내열 플라스크와 시험관입니다. 내열 유리는 열에 강하여 고온으로 가열해도 잘 깨어지지 않습니다.

리를 '내열 유리'라고 말하지요. 내열 유리는 온도가 변해도 부피가 팽창하거나 줄어드는 정도(열팽창 계수)가 매우 적습니다. 탁자 위엔 깐 유리는 대개 내열유리가 아니므로, 받침 없이 뜨거운 물을 담은 주전자를 얹으면 깨질 수 있습니다.

내열 유리는 19세기 말에 독일의 유리세공사인 오토 쇼트가 유리에 산화붕소(B_2O_3)를 혼합하여 처음 생산했습니다. 이후 그가 개발한 내열 유리는 '듀란'이라는 상품명으로 나왔다가, 이후 코닝, 파이렉스, 보멕스 등의 상품명으로 팔리게 되었습니다. 오늘날 내열 유리는 산화붕소 외에 나트륨, 칼륨, 칼슘 성분도 소량 혼합하여 만들며, 화학실험기구 외에 유리 냄비(요리기구), 전구와 형광등의 유리, 특수한 유리창 등을 제조하는데 쓰입니다.

질문 126.

오늘날 광통신이나 내시경에 사용하는 광섬유는 어떤 유리입니까?

유리를 머리카락보다 가느다랗게 뽑은 것을 유리섬유(글라스 파이버)라고 합니다. 유리는 단단하여 조금만 휘면 곧 부러지지만, 유리섬유는 워낙 가느다랗기 때문에 철사처럼 상당히 휘어도 부러지지 않는 탄성을 가지게 됩니다. 이런 유리섬유를 여러 가닥 합하여 다발을 만들면 더욱 잘 휘면서, 외부의 힘에 잘 견디는 강한 상태가 됩니다. 한동안 유리섬유로는 단단하면서 탄성이 좋은 낚싯대를 만들기도 했습니다.

100% 산화규소로 된 유리를 머리카락보다 더 가늘게 뽑은 것을 '광섬유' 라고 합니다. 물이나 일반 유리는 보기에 투명하더라도 수백 미터 두께가 되면 빛이 투과하지 못합니다. 반면에 광섬유 속으로 빛을 통과시키면 빛은 약해지지 않은 상태로 아주 멀리까지 갈 수 있습니다. 지난날 구리선을 통해 보내던 전화나 전자 정보는 오늘날에는 대부분 광섬유를 이용하는 광케이블을 통해 송수신하고 있습니다. 즉 집으로 들어오는 전화나 케이블 텔레비전의 음성과 영상과 인터넷 정보는 광케이블을 통해 옵니다.

광케이블이란 광섬유를 수백 수천 가닥 다발로 모아 만든 통신선입니다. 광케이블 속으로는 정보가 빛의 신호로 옵니다. 이러한 광통신 방법은 한 가닥의 광섬유 회선 속으로 수천수만 정보를 동시에 보낼 수 있으며, 전선에 비해 에너지 소모도 아주 적습니다. 오늘날과 같은 통신의 혁명 시대가 오게 된 것은 광섬유의 발달이 큰 힘이 되었습니다.

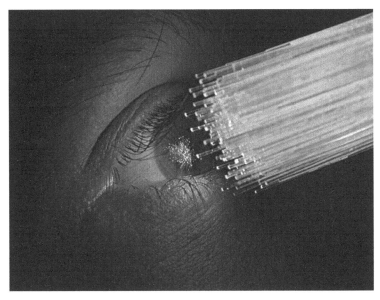

광섬유는 인체의 내부를 들여다보면서 수술까지도 하는 내시경을 만드는 데도 편리하게 이용되고 있습니다.

〈사진 126〉 유리를 사진처럼 가느다랗게 뽑은 것을 광섬유라고 합니다. 순수한 규소로 만든 광섬유 속으로는 빛의 신호가 멀리까지 나아갑니다. 이런 성질을 이용하여 광케이블과 내시경 등을 만들게 되었습니다.

175

질문 127.

요드는 왜 반드시 필요한 미량 영양소인가요?

무기 영양소로 중요하게 취급하는 요드(I, 원자 번호 53)는 진보라색 고체입니다. 이것을 알코올에 녹인 연한 갈색의 용액을 요드팅크라 하는데, 이것은 살균작용이 있어 상처를 입었을 때 소독제로 쓰고 있습니다. 팅크는 영어 팅크춰(tincture, '소량 녹인 액'이라는 의미)에서 온 말입니다.

실험실에서 생고구마나 감자에 요드 액을 떨어트리면 진한 보라색으로 변하지요. 그러나 삶은 고구마나 감자에 떨어뜨리면 변색하지 않습니다. 이것은 삶는 동안 전분이 포도당과 맥아당 등으로 변했기 때문입니다. 요드가 전분만 색을 변화시키는 것은, 전분의 분자 틈새로 요드가 들어가 진보라 빛을 반사하는 성질을 가지게 한 때문입니다.

요드는 바닷물과 해초 속에 많이 포함되어 있으며, 사람은 하루 150마이크로그램(1마이크로그램은 1,000만분의 1그램)의 요드를 음식으로 먹어야 합니다. 요드는 갑상선에서 나오는 갑상선호르몬(타이록신)의 성분이므로, 이것이 부족하면 갑상선 기능저하 현상이 나타납니다.

〈사진 127〉 김, 미역, 다시마 등의 해초에는 갑상선호르몬의 성분인 요드가 많이 포함되어 있습니다.

타이록신은 인체 내에서 일어나는 대사작용을 원활하게 하는 역할을 합니다. 만일 부

176

족하다면 키가 자라는데 지장이 있으며 심하게 피로하고 무기력해지며, 기분이 우울하고 체중이 줄어들고, 체온까지 낮아집니다. 특히 아기에게 요드가 부족하면 지능 발달에 장애가 생기는 것으로 알려져 있습니다. 그러므로 성장하는 청소년은 요드가 많이 포함된 미역이나 해산물을 자주 먹는 것이 좋습니다.

요드는 연약한 세포를 상하게 하므로, 요드팅크를 사용할 때는 눈이나 코에 들어가지 않도록 해야 하며, 사람에 따라 피부 알레르기를 일으키기도 합니다.

질문 128.
다이아몬드는 어떤 물질이며, 어떻게 생겨나게 되었습니까?

제일 아름답고 비싼 보석이라고 하면 누구나 다이아몬드를 말합니다. 빛의 굴절률이 가장 높아 영롱한 빛을 보여주는 다이아몬드는 생산량이 지극히 적은 광물이기도 합니다.

나무를 열하여 만든 숯이나, 연필심인 흑연은 모두 탄소라는 원소로 구성되어 있으며, 검은색이고 그렇게 단단하지 않습니다. 그런데 다이아몬드는 같은 탄소이면서 무색투명한데다 세상에서 가장 단단한 성질을 가졌습니다. 그래서 사람들은 다이아몬드를 연마하여 고급 보석을 만들고, 그것의 단단한 성질을 이용하여 유리를 자르는 칼날을 만들며, 아무리 강한 것도 갈아내는 연마재로 사용합니다.

다이아몬드는 '킴벌라이트'라고 부르는 광석에 포함되어 있습니다. 이 광석은 섭씨 900도 이상의 높은 열과, 4만 기압 이상의 압력이 작용하는 지하 깊은 곳에서 만들어집니다. 이 광석 속에 포함된 탄소 성분이 열과 압력의 작용으로 단단한 결정체로 변하여 다이아몬드가 된 것이지요. 킴벌라이트는 수억 년 전 화산이 터질 때 지하에서 지상으로 밀려나온 것입니다. 다이아몬드 원석을 발견했을 때, 일반 사람들은 그것이 흔한 돌이라고 생각할 뿐 귀중한 보석이라는 것을 알지 못합니다. 그러나 다이아몬드 원석을 찾아내어 아름답게 연마하면 보석이 됩니다.

다이아몬드는 보석으로보다 공업용(주로 연마재)로 더 많이 쓰입니다. 공

<사진 128> 다이아몬드 원석을 아름답게 연마하면 귀한 보석이 됩니다. 다이아몬드는 굴절률이 높아 찬란한 색의 빛을 보입니다.

업용으로 사용하는 다이아몬드는 인공으로 합성한 것을 대부분 활용하는데, 합성품은 크기가 1mm도 안 되는 가루 같이 작은 것입니다. 인공 다이아몬드는 미국의 제너럴 일렉트릭사의 과학자들이 1955년에 처음 발명했으며, 7만 5,000기압의 고압과 섭씨 1,700도 이상의 온도에서 만든답니다. 인공적으로 제법 크고 질이 좋은 다이아몬드를 만들 수는 있으나 제조비용이 많이 들어 경제적이지 못합니다. 그러나 작은 인조 다이아몬드는 여러 용도로 많이 쓰이고 있습니다.

질문 129.

숯이나 흑연은 다이아몬드와 같은 성분인데, 왜 모양과 성질이 다릅니까?

나무를 밀폐된 곳에 넣고 뜨겁게 가열하면 숯이 됩니다. 숯을 태우면 약간의 회색빛 재가 남습니다. 재는 숯이 탄소만으로 구성되지 않고 약간의 불순물(여러 가지 염류)이 포함되었다는 것을 보여줍니

다. 숯을 이루는 탄소 원자들은 규칙적이지 못하고 자유롭게 결합하고 있습니다.

반면에 흑연은 숯보다 훨씬 순수한 탄소 성분으로 구성되어 있으며, 그 원자는 규칙적으로 배열되어 있습니다. 그에 따라 흑연은 화학적으로 안정하고, 태워도 타지 않고, 전기도 통하기 쉽습니다. 다이아몬드는 같은 탄소 성분이지만 훨씬 더 순수하고, 원자의 결합 방식도 흑연과 다릅니다(질문 128 참조).

질문 130.
자수정은 왜 보랏빛을 가지게 되었나요?

독자들은 암석 속에 형성된 6각형 피라미드처럼 생긴 수정이라는 광물을 보았을 것입니다. 수정과 같은 모습이면서 보랏빛을 내는 것은 자수정이라 하지요. 수정이나 자수정 모두 규소와 산소가 결합한 산화규소(SiO_2)가 주성분입니다. 다만 수정 속에 망간과 철분이 혼합되면 보라나 푸른빛을 가진 자수정이 되지요.

보석이라는 광물은 모두 결정(크리스털) 구조를 가지고 있습니다. 보석의 왕인 다이아몬드, 녹색의 에메랄드, 루비, 사파이어, 오팔, 석류석(가닛) 등은 지하 암석에서 채굴하는 보석류입니다. 이런 보석은 뜨거운 용암 속에서 높은 압력을 받아 결정 상태로 된 것입니다.

강옥(鋼玉 커런덤)이라는 보석류는 다이아몬드 다음으로 단단한 회백색 광물입니다. 이것의 주성분은 수정과 같은 산소, 규소, 알루미늄입니다. 강옥에 크롬이 약간 포함되면 붉은색 루비가 되고, 철과 티타늄이 섞이면 파란 사파이어가 되며, 크롬과 베릴륨이 함께 섞이면 녹색의 에메랄드가 된답

<사진 130> 자수정은 암석 속에서 이처럼 결정 형태로 발견됩니다. 자연의 원석 중에 불순물이나 흠집이 없는 것을 선별하여 세공 과정을 거쳐 보석으로 만듭니다.

니다. 보석들이 각기 독특한 색을 가지게 되는 이유는, 혼합된 분자의 종류에 따라 빛을 흡수하고 반사하는 성질에 차이가 생기기 때문입니다.

강옥도 연마재로 많이 사용합니다. 보석으로 될 수 있으려면 그 표면을 아름다운 각으로, 또 매끄럽게 잘 연마해야 합니다. 표면이 거칠면 빛을 마구 반사하여 굴절된 빛의 색이 제대로 나타나지 않습니다. '보석 세공'이란 원석을 잘 가공하여 보석으로 만드는 작업을 말합니다.

질문 131.
순수한 나트륨은 어떤 성질을 가진 금속인가요?

소금은(NaCl) 나트륨과 염소가 화합하고 있는 물질입니다. 나트륨(natrium)은 원소 번호가 11인 부드럽고 은백색 나는 금속이며, 화학 반응을 잘 일으킵니다. 나트륨을 영어로는 소디엄(sodium)이라 하지요. 나트륨은 동물의 몸에 꼭 필요한 무기 영양소이기도 합니다. 나트륨은 염소와 화합하여 소금이라는 중요한 물질을 이루고 있습니다. 우리는 소금을 먹음으로써 필요한 나트륨을 충분히 섭취하는데, 음식에 적당한 양의 소금이 들면 훨씬 맛이 좋아지지요.

어떤 약품의 이름에 '소다'라는 말이 붙었으면, 그것은 나트륨을 포함하고 있음을 나타냅니다. 예를 들어 '가성소다'는 수산화나트륨(NaOH)을 의미하고, '베이킹 소다'는 중탄산나트륨($NaHCO_3$)을, '소다수'는 중탄산소다를 물

<사진 131> 빵을 만들 때 밀가루 반죽에 중탄산나트륨('중조'라고 부르기도 함)을 넣고 찌면 물과 반응하여 이산화탄소가 발생합니다.

에 녹인 넣은 사이다와 같은 음료수를 나타냅니다.

나트륨은 물과 금방 화학반응을 하여 강한 알칼리성 물질인 수산화나트륨이 됩니다. 수산화나트륨은 비누를 만들 때 사용하지요. 빵을 만들 때 밀가루 반죽에 베이킹 소다를 조금 넣어 찌면 빵이 잘 부풀어, 씹기 편하고 소화도 잘 됩니다. 이것은 베이킹 소다의 성분인 중탄산나트륨에서 이산화탄소가 발생하여, 밀가루 반죽 사이에 들어가 솥에서 찌는 동안 이산화탄소가 팽창하여 밀가루 반죽을 스펀지처럼 부풀린 때문입니다. 또한 음료수에 중탄산나트륨을 넣으면, 이산화탄소 거품이 발생하는 시원한 탄산수(소다수)가 됩니다.

질문 132.
도금은 어떻게 하나요?

도금(鍍金)이란 재료의 표면에 금이나 은, 니켈, 구리, 아연, 코발트, 크롬, 주석 등의 금속이나 합금을 얇게 입히는 것(피복)을 말합니다.

우리의 선조들은 신라시대부터 불상이나 조각품 위에 금을 얇게 바르는 기술을 알고 있었으며, 그러한 금박 기술은 후에 일본으로 전해졌습니다.

오늘날에 와서 도금 기술은 첨단의 화학지식과 기술을 이용한 산업으로 발전했으며, 도금기술이 발전하지 못했더라면 지금처럼 컴퓨터 칩을 작게 만들지도 못했을 것입니다. 컴퓨터나 휴대전화 등 전자제품들의 마이크로칩

<사진 132> 불교 사찰의 부처상은 금박을 덮거나 칠하여 만듭니다.

에는 도금기술을 이용하여 머리카락 두께의 수백분의 1보다 가느다란 회로를 만들고 있으니까요. 만일 이러한 도금기술이 없었더라면 전자기기들은 지금처럼 작아질 수 없었습니다.

구리나 은으로 만든 장신구 위에 금을 입히면 금처럼 보이는 목걸이나 팔찌가 되지요. 금을 입히면 보기에도 좋지만 잘 부식하지도 않습니다. 철판에 아연이나 주석, 알루미늄을 도금하면 녹이 슬지 않게 됩니다. 음식을 저장하는 깡통은 대부분 쇠 위에 알루미늄을 도금한 것입니다.

우주비행사가 우주공간으로 나갈 때 입는 옷과 헬멧에는 금이 도금되어 있습니다. 우주선이나 우주복에 입힌 금 도금은 태양에서 오는 강력한 방사선을 반사해버리는 역할을 합니다. 반사망원경의 거울에는 알루미늄이 발려 있어, 빛을 모으는 오목거울 역할을 합니다.

도금은 목적에 따라 사용하는 금속이나 합금의 종류가 다르고, 도금하는 방법도 여러 가지입니다. 가장 많이 사용하는 방법은 전기도금법이고, 그 외에 화학반응을 이용하는 법, 금속을 분무하는 법, 진공증착 방식 등이 있습니다. 오늘날의 도금 기술은 수백분의 1mm 두께로 금속을 도금하고 있습니다.

질문 133.
아연은 어떤 성질과 용도를 가진 금속인가요?

아연(Zn, 원자 번호 30)은 용도가 매우 많은 금속입니다. 지난날에는 구리와 아연을 합금한 황동(영어로는 브라스 brass)으로 놋쇠 그릇이라든가 동전을 만들었습니다. 브라스밴드는 황동으로 만든 트롬본이나 트럼펫과 같은 금관악기를 주로 연주하는 악단을 의미하지요.

아연은 가공하기 쉬운 금속이어서 자동차공업에서는 이 금속으로 여러 가지 모양(주물)을 만들고 있습니다. 아파트 현관문의 금색 나는 열쇠 뭉치는 대개 황동으로 만들고 있습니다. 피부가 태양빛에 타지 않도록 바르는 화장품에도 아연을 넣으며, 수채화물감이나 페인트의 흰색 원료로 쓰기도 합니다. 실험실에서 수소를 만들 때는 아연에 염산을 넣기도 하지요.

아연은 모든 동물과 식물의 몸에 필요한 미량 영양소이기도 합니다. 우리 체내에서 아연은 신경세포와 뇌 사이에 신호를 전달하는 역할을 하고, 병균에 대한 면역작용에도 관여하며, 효소에도 포함되어 있습니다.

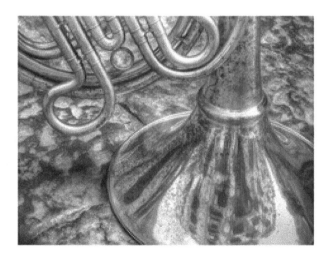

<사진 133> 금관악기는 청동으로 만들고 있으며, 금관악기를 위주로 구성된 연주단을 브라스밴드라고 부릅니다.

질문 134.
주석은 어떤 성질과 용도를 가진 금속입니까?

주석(朱錫)은 영어로 틴(tin)이라 하고, 원소기호로는 Sn(*Stannum*이라는 라틴어)이며, 원자번호는 50입니다. 주석은 은백색 금속이며 지구상에 풍부하다고는 할 수 없는 지하자원의 하나입니다. 예로부터 인류는 구리와 주석을 혼합하여 청동(영어로는 브론즈 bronze)을 만들었습니다. 청동기 시대는 석기 시대와 철기 시대의 중간 시대를 말합니다. 지금도 많은 조각상을 청동으로 제조하고 있지만, 청동으로 만든 예술품들이 남아 있지요.

주석은 산화와 부식에 강하기 때문에 합금이라든가 도금용으로 많이 사용합니다. 지붕, 양동이, 대야 등을 만들어온 양철('함석'이라고도 부름)은 철판에 주석을 도금하여 부식되지 않도록 한 것입니다. 양철을 영국인들은 틴(tin)이라 부르고, 미국에서는 캔(can)이라고 서로 다르게 불렀는데, '캔(칸)으로 만든 통' 즉 '칸통'이 변하여 우리말 '깡통'이 되었다고 합니다.

〈사진 134〉 많은 조각상은 가공하기 쉬운 청동으로 만들고 있습니다.

자동차 뒷좌석 유리에 성에나 수증기가 끼어 밖이 보이지 않게 되면, 운전석의 열선 스위치를 눌러 성애가 녹아버리도록 합니다. 이때 얼음이 녹으면서 유리 표면에 나란하게 투명한 선이 나타나는데, 이 자리에는 주석의 합금이 도금되어 있습니다. 이 부분으로 전류가 흐르면 미열이 발생하여 얼음을 녹이거나 수증기를 건조시켜 버리지요.

동메달이나 종, 주물을 만들 때도 주석 합금이 사용되고, 파이프오르간의 파이프는 주석과 납을 절반씩 혼합한 합금으로 만든답니다.

질문 135.

금은 왜 값비싼 귀금속으로 취급받나요?

금과 은, 백금을 귀금속이라 부릅니다. 이들이 귀한 대접을 받는 이유는 흔하지 않으면서 훌륭한 용도를 가졌기 때문입니다. 금은 5,000년도 더 이전부터 반지나 귀걸이, 왕관이 되었으며, 가장 값어치가 큰 금화로 사용되어 왔습니다. 현대에 와서 금은 더욱 중요하게 이용되고 있습니다. 비싼 물건이 있으면 사람들은 '금값'이라 말하기 좋아하지요.

금(Au, 원소번호 79)은 영어로 골드(gold)라고 하면서, '빛나다'라는 의미를 가진 라틴어 'aurum'에서 따온 Au로 원소기호를 정하고 있습니다. 금은 섭씨 1,064도 이상 되어야 녹고, 부식되거나 화학변화가 잘 일어나지 않아 언제나 황금빛을 내고 있습니다. 금은 물보다 19배 이상 무거운 금속이며, 약간 무르고 잘 펴지는 성질이 있어, 금 세공사들은 1그램의 금으로 사방 1미터나 되는 얇은 금판(금박)을 만들 수 있습니다. 이런 금박으로는 귀한 예술품의 주변을 장식하고, 금박 글씨나 그림을 그리기도 하지요. 금으로는 매우 가느다란 실을 뽑을 수 있으므로, 금실로 고급 수를 놓기도 하고, 금가루는 불상이나 건축물에 칠하여 아름다운 금색 광택이 나도록 합니다.

반지나 목걸이, 팔지 등을 금으로 만들 때는 순금을 사용하지 않고 약간의 구리를 섞어 단단하게 만듭니다. 일반적으로 24캐럿(k)이라 부르는 금은 순금이고, 18캐럿은 25%의 구리가 포함된 것입니다. 많은 경우 14k, 10k 장식품을 만들고 있습니다. 금은 인체에 아무런 해를 주지 않는 금속이어서

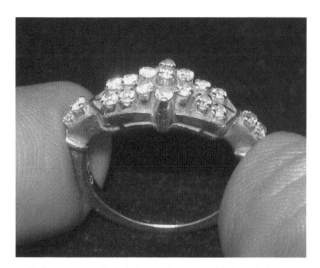

<사진 135> 금가락지를 보석으로 장식했습니다. 금은 고대로부터 부의 상징이었습니다. 금은 금덩어리나 싸라기 상태로 암석 속에서 발견됩니다.

피부에 닿아도 알레르기를 나타내지 않습니다.

금은 전기를 매우 잘 통하는(은 다음으로) 성질을 가졌습니다. 은은 화학변화에 약하지만 금은 좀처럼 변하지 않으므로, 컴퓨터라든가 통신기계, 우주선, 제트기 엔진 등의 전기배선에 이용합니다. 전자제품을 소형으로 만드는 오늘날, 금으로 된 반도체의 전기배선은 아주 가느다랗더라도 전기가 잘 통하고 배선이 끊어질 염려가 적습니다. 오늘날 생산되는 금은 전체의 22% 이상이 산업용으로 쓰이고, 7%는 치과에서 금니를 만드는데, 나머지 71%는 장식품이나 예술품을 만드는데 활용됩니다.

지난 날, 어딘가에서 금광이 발견되었다고 하면, 수많은 사람들이 몰려들었습니다. 이런 현상을 영어로 '골드러시'라고 했지요. 오늘날 금이 가장 많이 산출되는 곳은 남아프리카이고, 그 외에 미국, 오스트레일리아, 중국, 캐나다, 러시아 등에서 대량 캐내고 있습니다.

질문 136.
톱날, 드릴의 날, 재단기의 날 등에 사용하는 강한 쇠는 어떤 철인가요?

철은 구리 다음으로 오래 전부터 사용해온 금속으로서, 현대에 와서는 용도가 더욱 많은 중요한 금속입니다. 철(Fe, 원소번호 26)은

<사진 136> 고층 빌딩과 다리, 기차와 레일, 자동차, 높은 탑 등은 모두 강철로 기본 구조를 만듭니다. 사진은 쿠웨이트의 타워입니다.

영어로 아이론(iron)이라 하고, 화학기호로는 Fe(*ferron*이라는 라틴어에서 따옴)로 표시합니다. 영어로 스틸(steel)이라고 할 때는 보통의 쇠보다 강하게 만든 '강철'을 의미합니다.

제철공장에서는 용도에 따라 여러 가지 철을 만들고 있습니다. 철에 탄소가 약간 포함되면 강한 강철이 되지요. 철판을 자른다거나, 철판에 구멍을 뚫을 때는 강철로 만든 도구를 사용합니다. 제재소에서는 날카로운 강철 톱날로 굵은 나무를 켭니다. 철공소의 선반 날도 강철입니다. 단단한 것을 자르는 톱, 구멍을 내는 드릴, 재단기, 쇠를 깎는 선반의 날, 칼날, 도끼날, 펜치, 드라이버 등은 강하기도 해야 하지만, 고속 회전을 하거나 작업 때 생기는 고온의 마찰열도 잘 견뎌야 합니다. 이런 용도에 사용하도록 특수하게 만든 쇠를 '고속도강'이라 부릅니다.

고속도강을 만드는 방법은 1910 년경에 미국의 철강회사에서 알려졌습니다. 처음에는 쇠에 탄소와 텅스텐만 혼합하여 만들었으나, 차츰 크롬이나 몰리브덴, 바나듐, 코발트 등을 적절히 배합하여 더 단단하면서 열에 잘 견디는 고속도강을 만들게 되었습니다. 일반 강철은 섭씨 250도만 넘어도 날이 무뎌지지만, 고속도강은 500~600도까지 뜨거워도 무뎌지지 않고 견딥니다.

질문 137.
강철과 피아노선의 철은 어떻게 다른가요?

피아노 건반 반대쪽 뒷면을 열어보면, 여러 가닥의 피아노선이 팽팽하게 당기고 있는 것을 볼 수 있습니다. 건반을 누르면 작은 나무망치가 피아노선을 두들겨 맑은 피아노 소리가 납니다. 피아노선은 가늘지만 잡아당기는 힘에 대해 특별히 잘 견디는 힘(장력 張力이라 함)을 가지고 있습니다. 피아노선은 탄소를 비롯하여 황, 인, 규소, 망간 등의 성분이 합금된 강철의 일종이며, 일반적으로 0.15~4.8mm 직경으로 만들고 있습니다. 피아노선을 만드는 회사는 소수이며, 합금 비율이라든가 제조법은 회사에 따라 독특합니다.

기타의 선이라든가 특수한 스프링도 피아노선으로 만듭니다. 피아노선은 워낙 강하여 펜치로 자르기조차 힘듭니다. 때로는 펜치 날이 물러지기도 합니다. 탄소 성분이 많이 포함된 강철이나 피아노선은 고온에서 만들기 때문에 제조비가 많이 들지요.

<사진 137> 피아노의 뒷면 내부는 팽팽한 피아노선으로 가득합니다. 건반을 누르면 그때마다 나무망치가 피아노선을 때려 소리를 냅니다.

질문 138.

우라늄을 광산에서 캐낼 때 작업자들에게 방사선 위험이 없나요?

우라늄(U, 원자번호 92)이라는 원소는 우라늄광이라 부르는 암석 속에 포함되어 있습니다. 지각의 전체 물질 중에 우라늄이 차지하는 양은 0.02%이며 가장 무거운 원소입니다. 천연의 우라늄광에서는 3종류의 우라늄이 나옵니다. 그 중에 우라늄-238이라고 부르는 것은 전체 산출량의 약 99.3%를 차지하고, 우라늄-235는 0.7%, 그리고 우라늄-234는 극히 미량 포함되어 있답니다.

이들 우라늄에서는 방사선인 알파 입자가 끊임없이 방출되므로 '방사선물질'이라는 이름을 가지게 되었습니다. 천연에 존재하는 방사선물질에는 우라늄 외에 토륨, 플루토늄, 라듐 등이 있지요. 천연의 우라늄에서는 극히 미약한 방사선(알파 입자)이 방출되기 때문에 인체에 영향을 주지 않습니다. 그러므로 우라늄광산에서 일하는 사람이 방사선 피해를 입을 염려는 없습니다. 우라늄은 바닷물에도 포함되어 있답니다. 또 유리에 우라늄을 조금 넣어 만든 접시에서는 은은한 연두색 형광이 나온답니다.

<사진 138> 우라늄을 소량 넣어 만든 유리병에서 은은한 형광이 나고 있습니다.

방사선물질에서 방사선이 계속 나오면 그 물질은 다른 물질로 변해갑니다. 예를 들어 10kg의 우라늄-238은 약 45억년이 지나면, 5kg은 납으로 변하고 5kg의 우라늄만 남게 됩니다. 그래서 우라늄-238의 반감기는 45억년이지요. 우라늄-235는 반감기가 달라 약 7억 4백만 년이랍니다. 과학자들은 우라늄이나 다른 방사선물질의 반감기 상태를 조사하여 지구의 역사라든가 고대 유물의 나이를 측정한답니다.

질문 139.

우라늄은 왜 원자폭탄이나 핵발전소의 연료가 되나요?

천연에는 우라늄-238, 우라늄-235, 우라늄-234가 있다고 했습니다(질문 138 참조). 1930년대에 여러 물리학자들은 우라늄-235에 중성자를 집어넣으면, 우라늄-236이 되는 즉시 깨어져(붕괴) 2개의 원소(하나는 크립톤-92, 다른 하나는 바륨-141)로 나누어지면서 몇 개의 중성자를 내놓다는 사실을 발견했습니다. 그리고 연구를 계속한 끝에 우라늄-236이 깨질('핵분열'이라 함) 때 나온 중성자는 옆에 있는 다른 우라늄-235를 연달아 파괴('연쇄 핵반응'이라 함)하게 되고, 그때 엄청난 에너지가 발생한다는 사실을 알게 되었습니다.

우라늄-235 1그램이 핵분열하면 그 무게의 300만 배가 되는 석탄 3톤을 태운 것과 맞먹는 열량이 발생합니다. 우라늄-235의 이러한 핵분열과 연쇄 핵반응 성질을 이용하여, 미국은 1945년에 최초의 원자폭탄을 만들어, 일본과의 전쟁에 사용하게 되었답니다. 원자폭탄은 순수하게 농축한 우라늄-235가 최소한 7kg은 있어야 폭탄이 될 수 있다고 합니다.

과학자들은 우라늄-235의 함량이 낮은(약 3% 포함) 연료를 핵분열시켜 뜨거운 열을 천천히 얻는 원자로를 만들었습니다. 이러한 원자로는 원자력발전소에서 잘 이용되고 있습니다. 원자로에서 나오는 에너지로 움직이는 항공모함도 있지요. 미래에는 원자력 우주선도 등장하게 될 것입니다.

<사진 139> 원자탄 실험으로 거대한 버섯구름이 피어오릅니다.

과학자들은 가장 많이 있는 우라늄-238에 중성자를 쏘아 넣어 플루토늄-239를 만드는 방법도 찾아냈습니다. 플루토늄-239에 중성자가 들어가면 우라늄-235처럼 핵분열 반응을 일으켜 핵폭탄이 된답니다. 그러므로 핵폭탄의 연료가 될 수 있는 것은 우라늄-235와 플루토늄-239 두 가지입니다.

천연의 플루토늄은 플루토늄-244인데, 이것은 방사선물질이면서 유독한 물질이기도 합니다. 천연 플루토늄은 우라늄광에 극히 미량 포함되어 있습니다.

질문 140.

시멘트의 성분은 무엇이며, 왜 단단한 콘크리트가 되나요?

시멘트공장은 품질 좋은 석회석이 많이 산출되는 지역에 건설되어 있습니다. 그것은 시멘트의 주원료가 석회석이기 때문입니다. 석회석의 주성분은 조개나 소라, 굴의 껍데기와 같은 '탄산칼슘'($CaCO_3$)입니다. 대리석의 성분도 이와 마찬가지입니다. 석회석을 높은 온도로 열하면, 포함하고 있던 이산화탄소가 날아가 버리고 흰색의 산화칼슘(CaO) 덩어리가 됩니다. 이것을 '생석회'라고 부르지요.

시멘트는 이 생석회에 점토(산화규소가 주성분)를 섞어 높은 온도(섭씨 약 1500도)로 가열한 후 가루로 만든 것입니다. 일반적으로 건축에서 많이 사용하는 시멘트는 '포틀랜드 시멘트'라 부릅니다. 시멘트 공장에서는 성질이 다른 여러 종류의 시멘트를 만들고 있습니다.

탄산칼슘($CaCO_3$) — 가열 → 이산화탄소(날아감) + 산화칼슘(Cao 생석회)

산화칼슘 + 점토 — 가열 → 시멘트 가루

시멘트라는 영어는 '잘 붙는다'라는 의미를 가지고 있습니다. 다른 암석이나 철근 또는 목재와 단단히 붙기 때문에 붙여진 이름이지요. 시멘트에 모래와 자갈 등을 혼합하고 물을 섞어 조용히 두면 몇 시간 후 바위처럼 단단하게 굳어집니다. 이것을 콘크리트라고 합니다. 시멘트는 건물, 다리, 터널, 도로포장, 벽돌 제조 등에 없어서는 안 됩니다.

시멘트에 물을 혼합했을 때 굳어지는 것은, 시멘트 분자가 물 분자와 화학적으로 단단히 결합하기 때문입니다. 레미콘은 시멘트와 모래, 자갈, 물을 적절히 혼합하면서 건축현장까지 운반하는 차를 말합니다. 레미콘차가 콘크리트 탱크를 빙글빙글 돌리면서 가는 것은, 콘크리트를 저으면서 가면 오래도록 굳지 않기 때문입니다.

<사진 140> 건물과 다리, 고속도로는 철근과 콘크리트로 만들고 있습니다.

질문 141.

석고가루의 성분은 무엇이며, 물에 개어 놓아두면 왜 시멘트처럼 단단하게 굳어지나요?

시멘트는 산화칼슘(CaO)이 주성분인데, 석고는 황산칼슘($CaSO_4$)이 주성분이지요. 석고는 자연 상태에서 물과 결합하여 굳은 형태의 광물로 산출됩니다. 석고는 단단한 고체이지만, 손톱으로 긁으면 상처가 생길 정도로 무른 성질입니다.

자연에서 산출된 석고를 섭씨 100도 이상의 온도로 가열하면 수분이 빠져나가면서 흰색의 가루가 됩니다. 이런 석고 가루를 '구운 석고' 또는 '소석고'(燒石膏)라고 하는데, 소(燒)는 '뜨겁게 구웠다'는 뜻입니다.

소석고 가루에 물을 부어 30분 정도 두면, 물과 결합하여 단단한 본래의 상태가 됩니다. 그래서 소석고는 미술실에서 사용하는 석고상을 만드는 재료로 많이 쓰이며, 정밀한 주물 형태를 뜨는 틀을 만들거나, 치과에서 의치(義齒)의 틀을 뜰 때 사용합니다. 또한 골절상을 당하거나 하면, 외과의사는 골절 부분을 석고로 감싸고 굳혀, 뼈 세포가 다시 자라 연결될 동안 움직이지 못하도록 하지요.

교실에서 선생님이 흑판에 글씨를 쓸 때 사용하는 분필의 원료도 소석고입니다. 운동장에 트랙을 그릴 때 사용하는 흰 가루 역시 소석고입니다. 치약 속에는 소석고를 원료로 만든 탄산칼슘 입자가 들어 있어, 이것이 물에 녹지 않고 이를 닦는 역할을 해줍니다.

<사진 141> 석고(황산칼슘)가 굳어진 모습을 현미경으로 본 형태입니다. 석고는 손톱으로 긁힐 정도로 무릅니다.

질문 142.

병원에서 엑스레이로 위나 장을 촬영할 때 먹는 바륨은 어떤 역할을 하나요?

원래 바륨(Ba, 원소 번호 56)이라는 원소는 은색 나는 금속입니다. 바륨은 화학작용이 강해 자연계에 혼자 있지 못합니다. 주변에 산소라든지 물이 있으면 금방 화합하여버리지요. 물에 녹은 바륨은 인체에 위험한 독극물이 됩니다.

과학 연구소 등에서 어떤 공간 속을 진공 상태로 만들려 할 때는 강력한 펌프로 내부의 공기를 뽑아냅니다. 만일 그 안에 기체 상태의 산소가 조금이라도 남아 있으면 안 될 경우, 적당한 양의 바륨을 내부에 넣어줍니다. 그러면 바륨은 산화반응을 일으켜 산소를 모조리 흡수해버리므로, 내부는 전혀 산소가 없는 진공이 됩니다.

위나 장을 엑스레이로 촬영 때 환자에게 마시도록 하는 우윳빛 액체 성분은 '황산바륨'이라는 물질의 가루를 물에 탄 것입니다. 황산바륨은 인체에 해가 없으며, 엑스선이 통과하는 것을 차단하는 성질이 있습니다. 그러므로 이 물질로 장 속을 채우고 엑스선으로 비추어보면, 장 내부에 생긴 암이나 궤양과 같은 울퉁불퉁한 부분을 훨씬 더 자세히 볼 수 있습니다.

특히 황산바륨은 무겁기 때문에 장 속에 들어 있는 음식물 찌꺼기를 밀어내어 장의 벽을 깨끗하게 관찰할 수 있도록 해줍니다. 황산바륨은 인체에 무독하지만, 검사가 끝난 다음에 장에 남아 있으면 단단하게 뭉쳐 장이 막히게 하므로, 촬영이 끝나면 바로 설사약을 먹어 전부 배출하도록 합니다.

원소, 원자, 분자, 화합물

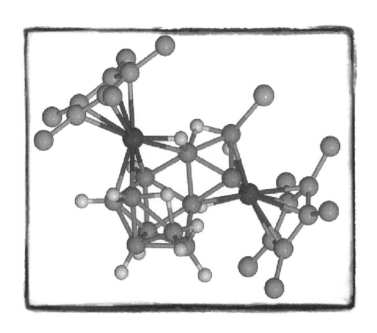

질문 143.
세상에는 애초에 어떻게 온갖 물질이 탄생하게 되었습니까?

과학자들은 우주가 약 146억 년 전에 탄생했다고 생각합니다. 그 이전에는 물질만 아니라 시간이라는 것도 없고, 물질이 차지할 공간조차 없었으며, 태양에서 오는 에너지 같은 것도 없었습니다. 이처럼 아무것도 존재하지 않던 곳에서 '빅뱅'(대폭발)이라고 부르는 거대한 폭발이 일어났습니다. 그러나 무엇이 폭발했는지 알지 못합니다. 이 폭발이 일어나고 0,1초가 지났을 무렵에는 온도가 약 300억 도가 되면서 빛(광자)과 양성자, 중성자, 전자, 뉴트리노라고 부르는 것들이 생겨나 사방으로 빠르게 퍼져나갔습니다.

시간이 지나면서 온도가 내려가자 수소의 원자핵이 만들어지고, 이어서 핵융합반응이라는 엄청난 원자의 변화가 일어나면서 수소의 핵들이 결합하여 헬륨이라는 원소가 탄생하고, 그러한 반응은 더욱 진행되어 탄소, 질소, 산소, 나트륨, 마그네슘, 철, 우라늄 같은 여러 원소들이 생겨났습니다.

이 우주에는 가장 가벼운 수소에서부터 제일 무거운 우라늄까지 92종류의 순수한 물질(원소)이 만들어졌는데, 이렇게 되기까지 약 70억년이 걸렸다고 생각합니다. 우주의 창조에 대한 의문과 원자의 성질과 변화 등에 대해서는 물리학자들과 천문학자들이 깊이 연구하고 있습니다.

<사진 143> 우주의 탄생은 과학의 가장 큰 의문입니다.

질문 144.

지구상에는 얼마나 많은 종류의 물질이 있습니까?

화학자들은 지구상에 있는 화합물의 종류가 적어도 5백만 가지에 이를 것이라고 생각합니다. 그러나 이 모든 화합물의 기본이 되는 물질의 종류는 100여종에 불과합니다. 마치 한글 자모(子母) 24자로 수백만 가지 단어를 만들 듯이, 100여종의 원소가 그처럼 많은 종류의 화학 물질을 탄생하게 한 것입니다.

또한 지구상에는 수백만 종의 동식물이 살고 있습니다. 그러나 이들의 몸을 구성하는 기본 물질(원소)의 종류는 산소, 수소, 탄소, 질소, 황, 인을 포함하여 겨우 10여 가지에 불과합니다. 그러나 이들이 만드는 물질(유기물)의 종류는 수만 가지입니다.

과학자들은 아무리 복잡한 화합물이라도 각 원소를 표시하는 간단한 화학기호(수소는 H, 산소는 O, 철은 Fe 등)로 나타내고 있습니다. 이를 '원소기호'라고 말합니다. 처음 원소기호를 대하면 어렵다는 생각이 들지만, 매우 편리하다는 것을 알게 됩니다. 물 분자를 화학기호로 나타내는 H_2O는 '에이치 투 오'라고 읽으며, 물 분자는 수소 원자 2개와 산소 원자 1개로 구성되어 있다는 것을 나타냅니다.

질문 145.

양성자라든가 중성자, 전자 등의 크기와 무게는 얼마나 되나요?

이런 것이 알고 싶은 독자라면, 물리학이나 화학자가 될 자질이 있다고 하겠습니다. 무게(질량)는 일반적으로 그램(g), 킬로그램(kg), 톤

(t) 등으로 나타냅니다. 과학자들의 조사 결과 양성자의 질량은 10에 0을 24개 붙인 숫자(10^{24}) 분의 1.6725g이고, 중성자의 무게도 양성자와 거의 비슷합니다. 그리고 양성자와 중성자의 크기는 10에 0을 13개 붙인 숫자 분의 1(10^{-13})cm랍니다.

그런데 전자는 양성자나 중성자의 무게보다 수천분의 1 정도로 가볍기 때문에, 과학자들은 전자의 무게를 영(0)이라고 취급한답니다. 전자의 무게는 이렇게 작지만, 전자가 가진 음전기의 양(음전하)은 양성자가 가진 양전기(양전하)를 중화시킬 정도로 맞먹습니다.

전자는 원자의 핵 주변을 돌고 있습니다. 그런데 전자는 핵에 가깝게 도는 것이 아니라 아주 멀리 떨어져 돈답니다. 비유하여, 원자의 핵 크기가 골프공만 하다면, 전자들은 골프공에서 약 3km 떨어진 공간 속을 돌고 있다고 설명할 수 있습니다. 마치 태양의 둘레를 도는 행성들처럼 말입니다.

질문 146.
화학이란 어떤 연구를 하는 과학 분야입니까?

원소를 가장 작은 상태로 쪼갠 것이 원자입니다. 원자를 더 나누어 보면, 핵과 그 주변을 도는 전자로 구성되어 있습니다. 전자는 음전기를 가지고 있으며 더 이상 쪼갤 수 없도록 작은 크기를 가지고 있습니다. 과학자들은 핵을 더 나누어본 결과, 모든 원소의 핵은 양성자와 중성자로 구성되어 있다는 것을 알게 되었습니다(예외로 수소는 중성자 없이 양성자만 있음). 그런데 100여 가지 각종 원소는 원소마다 핵에 가지고 있는 양성자와 중성자의 수가 다르고, 핵 주변을 도는 전자의 수도 다르답니다.

<사진 146> 분자의 구조를 확실히 알 수는 없으나 모형으로는 나타낼 수 있습니다.

화학이라는 과학은 이 세상에 존재하는 갖가지 물질의 성분과 구조와 성질을 조사하고, 각 물질이 서로 결합하거나 분리되는(화학반응) 현상을 연구하며, 화학반응 중에 나타나는 에너지의 변화 등을 탐구하는 과학 분야입니다.

약 200년 전 영국의 과학자 존 돌턴(1766~1844)은 "모든 물질은 원자로 구성되어 있다."는 이론을 처음 주장했습니다. 그 이후 화학은 물리학 등 다른 과학 분야와 함께 빠른 속도로 발전하여 21세기에는 수많은 화학 분야로 세분하여 연구하게 되었습니다. 오늘날 인공적으로 만들고 있는 모든 합성물질, 석유화학 제품, 의약품, 식품, 금속제품 등은 모두 화학 연구가 이룩한 업적입니다.

질문 147.

원소 번호와 원소 주기율표란 무엇인가요?

100여 가지 원소 중에서 인간의 몸을 이루는 원소는, 산소가 약 65%, 탄소 18%, 수소 10%, 질소 3%, 칼슘 2%, 인 1% 그리고 기타 원소 1%입니다.

각 원소는 매우 작은 입자로 구성되어 있으며, 이를 '원자'라고 합니다. 즉 수소의 원자, 산소의 원자, …… 우라늄의 원자로 되어 있지요. 그리고 각 원소의 원자를 쪼개보면 더 작은 입자로 되어 있지요. 즉 각 원자는 양성자, 중성자, 전자 등으로 구성되어 있습니다. 이처럼 원자를 구성하는 더 작은 입자를 '소립자'라고 합니다.

각 원소의 원자는 서로 다른 수의 소립자로 구성되어 있습니다. 예를 들면, 수소는 1개의 양성자와 1개의 전자, 헬륨은 2개의 양성자와 2개의 중성자 및 2개의 전자로, 산소는 8개의 양성자와 8개의 중성자 그리고 8개의 전자로, 그리고 원소 중에서 제일 무거운 우라늄은 92개의 양성자와 141~146개의 중성자를 가졌답니다.

이들 각 원소의 원자는 양성자의 수가 모두 다릅니다. 즉 수소는 1개, 헬륨은 2개, 리튬은 3개, 베릴륨은 4개, 붕소는 5개, 탄소는 6개, …… 라듐은 88개, …… 우라늄은 92개를 가졌지요. 이렇게 각 원소가 가진 양성자의 수대로 원소 번호(예를 들면 수소는 1번, 산소는 16번, 우라늄은 92번으로)를 매기고 있으며, 양성자의 수에 따라 순서대로 표를 만든 것을 '원소 주기율표'라고 합니다. 원소 주기율표를 처음 생각해낸 과학자는 러시아의 화학자 멘델레예프(1834~1907)입니다.

원소 중에서 제일 가볍고 간단한 구조를 가진 수소('H'라고 화학기호로 간단히 표시함)는 언제나 수소 원자 2개가 붙은 상태(H-H, H_2로 표시함)로 존재합니다. 이것처럼 산소(O)는 원자 2개가 붙은 O-O (O_2로 표시함) 상태로 존재합니다. 그래서 수소 원자 2개가 결합한 것은 '수소 분자'이고, 산소 원자 2개가 붙은 것은 '산소 분자'입니다.

그런데 물은 산소와 수소 원소가 결합한 것이고, 이산화탄소는 산소와 탄소 원소가, 소금은 나트륨과 염소 원소가, 포도당은 산소, 수소, 탄소 3가지 원소가 결합한 화합물이랍니다.

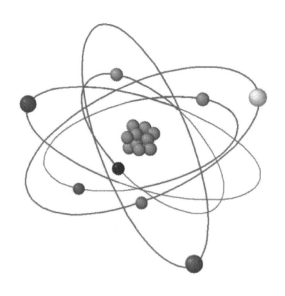

<그림 147> 중앙에 양성자와 중성자가 뭉쳐 있고, 주변에 핵이 돌고 있는 것을 나타내는 원자 구조 모델입니다.

질문 148.
소립자란 무엇인가요?

약 200년 전 영국의 화학자 돌턴은 모든 물질이 원자(atom : 보이지 않는 가장 작은 물질이라는 그리스어)로 구성되어 있으며, 원자는 더 이상 쪼갤 수 없이 작다는 이론을 처음으로 주장했습니다. 그로부터 100년 후에는 모든 원자가 전자, 양성자, 중성자로 구성되었다는 것을 알게 되었으며, 이들을 '소립자'(素粒子)라고 부르게 되었습니다.

지난 50여 년 동안에 과학자들은 이들보다 더 작은 입자들이 있다는 것을 알게 되었습니다. 이와 관련된 연구는 오늘날 최첨단 물리학 연구 분야입니다. 쿽, 렙톤, 보손, 포톤, 글루온, 위콘, 뮤온, 토우, 뉴트리노, 해드론 등은 소립자 종류에 붙여진 이름이랍니다.

질문 149.
인공원소란 어떤 원소인가요?

지구상에 자연적으로 존재하는 원소의 종류는 모두 94가지인데, 이들에 대해서는 19세기말 이전에 모두 알려졌습니다. 그러나 20세기가 시작된 이후 과학자들은 '가속기'라고 부르는 특수한 실험 장치를 이용하여 무거운 원소의 핵에 인공적으로 양성자를 집어넣어 2007년까지 28가지나 되는 인공원소를 만들었습니다. 그러니까 현재까지 알려진 원소의 종류는 모두 117가지인 셈입니다. 그러나 인공원소들은 불안정하여 금방 다른 안정한 원소로 변한답니다.

자연계에 존재하는 94개의 원소 가운데 탄소, 황, 금, 납 4가지는 5,000년도 더 이전부터 알고 이용해왔던 원소이고, 구리와 은, 철, 주석, 수은, 안티몬과 같은 원소는 1,000~5,000년 전에 알게 된 원소입니다. 나머지 원소의 대부분은 17세기 이후에 여러 화학자들에 의해 확인되고 고유의 원소 이름도 가지게 되었습니다.

이들 원소 가운데 상온(섭씨 15도 근처)에서 기체인 것은 수소, 헬륨, 네온, 산소, 질소 등 11종류이고, 액체인 것은 수은과 브롬 두 가지이며, 나머지는 모두 고체랍니다.

질문 150.

원자가 전자와 양성자와 중성자로 구성된 것을 발견한 과학자는 누구인가요?

원소가 원자로 구성되어 있다는 것을 확실하게 알게 된 때는 약 100년 전입니다. 영국의 물리학자 조지프 존 톰슨(1856~1940)은 1897년에 전기의 성질을 연구하던 중에 음전기를 가진 입자를 발견하고 그것을 '전자'라고 불렀습니다. 그 후 1919년에는 영국의 물리학자 어니스트 러더퍼드(1871~1937)가 양성자를 발견했습니다. 이때 러더퍼드는 중성자가 있을 것이라고 예측은 했으나 찾아내지는 못했습니다. 그러나 다음 해, 그의 연구 동료인 제

<사진 150> 왼쪽은 2개의 산소와 1개의 탄소가 결합한 이산화탄소를, 오른쪽은 2개의 수소와 1개의 산소가 결합한 물의 분자 구조를 표현하는 모형입니다.

임스 채드윅(1891~1974)이 중성자를 발견했습니다.

전자를 처음 발견한 톰슨은 1906년에 노벨 물리학상을 수상하고, 양성자를 발견한 러더퍼드는 1908년에 노벨 화학상을, 그리고 중성자를 발견한 채드윅은 1935년에 노벨 물리학상을 받았습니다.

질문 151.

원자와 분자는 어떻게 다른가요?

물의 분자를 화학기호로 나타낼 때는 H_2O라고 표시하고, 이산화탄소는 CO_2로 나타냅니다. 즉 물 분자는 수소(H) 2원자와 산소(O) 1원자가 화학적으로 결합한 것이고, 이산화탄소는 탄소(C) 1원자와 산소 2원자가 결합한 것임을 의미합니다. 소금의 분자를 나타내는 NaCl은 나트륨(Na) 1원자와 염소(Cl) 1원자가 결합하고 있는 것이지요. 물, 이산화탄소, 소금은 모두 2가지 원소가 화학적으로 결합한 것입니다.

화합물 상태가 아니라 단독으로 존재하는 산소 분자는 O_2로, 수소 분자는 H_2로, 탄소 분자는 C로 나타냅니다. 즉 산소 분자는 산소 원자 2개가, 수소 분자는 수소 원자 2개가 결합한 것이고, 탄소는 원자 1개이면서 분자임을 나타냅니다. 한편 단백질은 몇 가지 원소의 원자가 수없이 결합하여 1개의 분자를 이루고 있습니다.

<사진 151> 복잡한 분자는 여러 개의 원자가 모여 있습니다. 예를 들어 수소 분자는 2개의 원자가 붙어 있지만, 단백질 분자는 수백만 개의 원자가 엉겨 붙어 있습니다. 포도 알이 원자라면 분자는 포도송이 같다고 생각할 수 있습니다.

산소의 경우, 산소 원자 1개가 홀로 있을 때와, 산소 원자 2개가 결합하여 분자를 이루고 있을 때는 화학적인 성질이 상당히 다르답니다. 수소의 경우, 원자 홀로(H) 있으면 화학적으로 안정하지 못하여 다른 원자와 결합하려 하지만, 원자가 2개 결합한 분자(H_2)가 되면 화학적으로 훨씬 안정한 상태가 됩니다.

질문 152.

방사선, 방사능, 방사성물질, 핵물질, 핵붕괴란 각각 어떤 의미인가요?

태양에서 오는 빛에는 전자파, 적외선, 자외선, 가시광선, 엑스선, 감마선 등이 포함되어 있습니다. 이들 모두가 '방사선'이며, 방사선은 에너지를 가지고 있습니다.

우라늄, 플루토늄, 라듐, 토륨과 같은 물질의 핵에서는 알파선, 베타선, 감마선이라 부르는 3종류의 방사선이 나옵니다. 이처럼 방사선을 내는 능력을 '방사능'이라 하고, 방사능을 가진 물질(방사선을 방출하는 물질)을 '방사선 물질'이라 합니다. 방사선 물질은 자연계에 자연적으로 존재하기도 하고 실험실에서 인공적으로 만들기도 합니다.

방사능을 가진 물질의 원자는 많은 에너지를 가지고 있는데, 그 때문에 불안정하여, 여분의 에너지를 방사선(알파, 베타, 감마선)으로 방출합니다. 이 방사선 중에서 감마선은 매우 강한 에너지를 가지고 있어 인체나 생물체를 해칠 수 있습니다. 원자탄이 폭발하면 엄청난 폭발력과 함께 많은 방사선 물질이 생겨나 강력한 방사선이 나오기 때문에 두려워하는 것입니다.

우라늄이나 플루토늄과 같은 물질은 매우 강력한 에너지를 한꺼번에 방출할 수 있도록 할 수 있기 때문에, 그 성질을 이용하여 원자력발전을 하거나 원자폭탄을 만드는 원료로 사용합니다. '핵물질'이라고 하면 핵폭탄 또는 원자력발전에 사용하는 물질을 의미하지요. 예를 들어 1킬로그램의 우라늄에서는 약 300만 킬로그램의 석탄에 해당하는 에너지가 나온답니다. 이처럼 핵연료는 매우 적은 양으로 막대한 에너지를 얻을 수 있기 때문에, 화석연료가 부족한 오늘날에는 나라마다 원자력발전소를 건설하려고 노력한답니다.

<사진 152> 화석연료가 부족한 오늘날 세계는 원자력발전소를 많이 건설합니다.

질문 153.

동위체란 무엇인가요?

자연에 존재하는 탄소(C)는 중심의 핵에 6개의 양성자와 6개의 중성자를 가지고 있습니다. 그런데 일부 탄소는 6개의 양성자와 7개 또는 8개의 중성자를 가지고 있습니다. 과학자들은 이 3가지 탄소를 구분하도록 양성자와 중성자를 합한 숫자를 붙여 각각을 탄소-12, 탄소-13, 탄소-14로 나타냅니다. 그런데 탄소-14는 많은 에너지를 가지고 있어, 탄소-12나 탄소-13과는 달리 방사선을 방출한답니다. 이 3가지 탄소는 같은 물질이면서 성질이 조금씩 다르기 때문에 이들을 '동위원소' 또는 '동위체'

라고 부른답니다.

동위체는 탄소만 아니라 다른 원소에도 있으며, 인공적으로 만들기도 합니다. 알려진 동위체의 종류는 500여 가지나 됩니다. 예를 들어 우라늄 동위체에는 우라늄-238(U-238), U-235, U-234 등이 있고, 플루토늄(Pu)에는 Pu-244와 Pu-239, 라듐(Ra)에는 Ra-222와 Ra-228 등이 있습니다.

질문 154.
방사성 탄소를 이용한 연대 측정이란 무슨 말입니까?

질문 153에 나온 탄소의 동위원소인 C-14는 방사선을 방출하면서 차츰 C-12로 변해갑니다. 예를 들어 1,000그램의 C-14가 방사선을 계속 방출하여 500그램의 C-14만 남게 되는 데는 약 5,570년의 시간이 걸린답니다. 이처럼 방사선물질이 본래 가진 양의 절반으로 줄어드는데 걸리는 시간을 반감기(半減期)라고 말합니다. 다른 방사선물질의 반감기를 예를 든다면, 라듐-226은 1,602년, 코발트-60은 5.3년, 세슘-137은 30년, 이리듐-192는 74.2년이고, 라돈-222는 3.82일, 요드-125는 60.2일이랍니다.

오늘날 과학자들은 고대의 유물이나 화석이 발견되면, 그 속에 포함된 C-14의 양을 정밀하게 조사하여, 그것의 연대를 추정하기도 합니다. 이런 경우 '방사선 탄소를 이용한 연대측정'이라는 말을 사용합니다.

〈사진 154〉 고대 화석의 나이는 방사성 탄소의 양을 측정하여 추측할 수 있습니다.

질문 155.

우주와 지구에는 어떤 원소가 가장 많은가요?

우주 전체를 볼 때, 가장 많은 원소는 수소이고 그 다음은 헬륨이랍니다. 수소는 우주 전체 질량의 75%를 차지합니다. 그러나 지구상에서 가장 풍부한 원소는 모든 물질의 거의 절반(49.5%)을 차지하는 산소입니다. 지구상에서 산소는 물의 성분인 동시에 공기의 20%를 차지하며, 암석과 광물 속에도 대량 포함되어 있습니다. 지구상에서 산소 다음으로 많은 원소는 바위와 모래의 주성분인 규소(실리콘)입니다.

지구상에 존재하는 물질 중에 인류가 가장 많은 양을 다용도로 사용하는 것은 소금(염화나트륨)이랍니다. 소금의 화학적인 용도는 약 1만 4,000가지를 넘는다고 하네요(질문 131 참조).

질문 156.

기체, 액체, 고체는 어떻게 다른가요?

물은 액체이지만 끓이면 기체가 되고, 온도가 내려가 얼면 고체가 되지요. 기체, 액체, 고체를 흔히 물질의 기본적인 세 가지 형태, 즉 '물질의 3태'라고 합니다. 그러나 여기에 '플라스마'를 한 가지 더하고 있습니다.

산소, 수소, 이산화탄소, 수증기와 같은 기체는 원자(또는 분자)들이 서로 간격이 일정하지 않은 상태여서 제멋대로 이동합니다. 물이나 알코올, 수은과 같은 액체는 분자가 일정한 간격을 유지하고는 있지만, 서로 미끄러져 흐를 수 있는 상태입니다. 그러나 쇠나 돌과 같은 고체는 분자들의 위치와 간격이 일정하며, 미끄러지지 않는 상태입니다.

물이 기체에서 액체, 고체로 변하도록 만드는 것은 열입니다. 열은 분자의 운동을 활발하게 만드는 요소입니다. 온도가 높을수록 분자의 운동이 활발해지므로, 고체 상태에서는 서로 붙어 있던 분자가 액체로 되고, 나중에는 분자가 서로 멋대로 움직이는 기체가 되는 것입니다.

그런데 기체를 섭씨 수천도로 뜨겁게 하면, 분자들의 핵으로부터 전자가 떨어져 나가 '플라스마'라고 하는 상태가 됩니다. 플라스마가 되면 기체일 때와 다른 성질을 가지게 된답니다. 태양과 같이 뜨거운 천체 속의 원소들은 플라스마 상태에 있습니다.

오늘날 텔레비전의 두께를 10분의 1로 줄이고, 무게를 6분의 1이나 작게 만든 벽걸이형 텔레비전 화면(평판 디스플레이)에는 LCD형과 PDP형 두 가지가 있습니다. 여기서 LCD는 '리퀴드 크리스털 디스플레이'(질문 47 참조)를 뜻하고, PDP는 '플라스마 디스플레이 패널'의 줄인 글자입니다. 플라스마 디스플레이는 네온과 크세논 가스가 플라스마 상태로 되어 화면에서 빛이 나도록 만든 것입니다.

<사진 156> 사진 액자처럼 얇은 오늘날의 텔레비전 모니터는 LCD형과 PDP형 두 가지로 만들고 있습니다.

질문 157.

무기물과 유기물은 어떻게 구별합니까?

동물이나 식물, 그리고 미생물의 몸을 구성하고 있거나, 이들 생물체가 생산해낸 화합물을 '유기물'이라 합니다. 각종 탄수화물, 지방질, 단백질, 섬유소, 호르몬, 효소, 비타민 등은 모두 유기물이지요. 유기물이란 단어 속의 '유기'(有機)는 '생명체'라는 의미입니다.

화학적으로 유기물은 분자 속에 기본적으로 탄소(C) 성분을 가지고 있으며, 이 탄소와 산소, 질소, 수소, 황, 인 등의 물질이 결합한 화합물(탄소화합물)을 의미합니다. 그러나 일산화탄소, 이산화탄소, 탄산칼슘, 시안화수소 등의 물질은 탄소를 가지고 있으나 유기물로 취급하지 않습니다.

유기물과 반대되는 무기물은 탄소를 포함하지 않은 모든 화합물이지요. 만일 '유기화학'이라는 말을 듣는다면, 그것은 생물체와 관련된 화학 연구 분야를 의미합니다.

1828년 이전까지 과학자들은 유기물은 생물만이 만들 수 있는 물질이라고 생각했습니다. 그러나 이 해에 독일의 화학자 프리드리히 뵐러(1800~1882)는 무기물인 시안화암모늄을 가열하여 요소를 만들었습니다. 요소는 오줌 속에 만들어지는 물질이므로, 이전까지 유기물이라고 취급했답니다. 뵐러가 이렇게 처음으로 유기물을 인공적으로 합성하면서 유기물은 생명체만 만들 수 있는 것이라는 생각을 버리게 되었으며, 그 이후로 수없이 많은 유기물을 인공적으로 만들게 되었습니다. 원유 속에는 많은 종류의 유기물이 포함되어 있습니다. 오늘날 석유화학공업에서는 원유 속의 유기물을 원료로 사용하여 수만 가지 물질을 합성하고 있습니다.

근래에는 '유기농법'이라는 말을 자주 듣습니다. 이것은 농작물을 키울 때 인공적으로 합성한 화학비료나 농약을 사용하지 않고, 퇴비(동식물을 썩힌

<사진 157> 검은 연기는 유기물의 탄소가 타는 것이며, 이때 이산화탄소가 발생합니다. 검은 연기의 성분인 탄소 입자는 안개를 만들어 스모그 현상을 일으킵니다.

비료)만 사용하여 재배하는 것을 말합니다. 유기농법으로 생산한 농작물을 사람들은 무공해 농산물이라고 말하기도 하지요.

유기물은 동식물의 몸체이거나 생물체가 만든 것이므로, 자연 속에서 완전히 분해될 수 있는 물질입니다. 무기물과 유기물을 구분하는 더 간단한 방법은, 태웠을 때 이산화탄소가 발생하는 물질은 유기물이라 할 수 있습니다. 즉 장작이라든가 설탕, 석유, 생선, 고무, 플라스틱 등을 태우면 이산화탄소가 나오지요.

질문 158.
금속과 비금속은 어떻게 나눕니까?

모든 원소의 4분의 3은 금속인데, 다음과 같은 성질을 가졌습니다.

* 대부분 단단하고 반짝거립니다.

* 실처럼 가늘게도 만들 수 있고, 종이처럼 얇게 만들 수도 있습니다.

* 열과 전기를 잘 전도하는 성질을 가졌습니다.

* 모두 고체이지만, 수은만은 액체입니다.

* 금속으로서 철과 니켈은 자성을 가졌습니다.

* 대부분 다른 원소와 결합한 상태로 자연에 존재합니다.

비금속에 속하는 원소는 수소, 헬륨, 탄소, 질소, 산소, 불소, 네온, 인, 황, 염소, 아르곤, 브롬, 크립톤, 요드, 크세논, 라돈 이렇게 모두 16가지입니다. 이들 비금속 원소는 전기가 통하지 않고, 열도 잘 전도하지 않습니다. 다만 탄소이지만 흑연은 전기를 통합니다. 비금속 원소 가운데 인, 탄소, 황, 요드는 고체이고, 브롬은 액체이며, 나머지 11가지 원소는 기체입니다.

금속에도 비금속에도 속하지 않는 '반금속 원소'가 있습니다. 이들은 상황에 따라 전기를 통하기도 하고 통하지 않기도 하는 이중 성질을 가지고 있는 '반도체'라 불리는 원소입니다. 반금속 원소에는 붕소, 규소, 게르마늄, 비소, 셀렌, 안티몬, 텔루르, 폴로늄, 아스타틴 이렇게 9가지가 있습니다. 이들 반도체는 모두 고체 상태입니다.

질문 159.
산성을 가진 화합물 중에 가장 성질이 강한 것은 무엇입니까?

염산, 질산, 황산은 모두 강한 산성 물질이어서, 실험실에서 다룰 때 한 방울이라도 쏟아지는 일이 없도록 매우 조심해야 합니다. 실험실에서 이보다 더 무서운 산성 물질은 금속을 청소할 때 사용하는 플루오르화수소(화학기호 HF)입니다. 이 물질은 부식성(금속이나 생물체를 녹이는 성질)이 강하여 유리조차 녹일 정도이지요.

플루오르화수소를 잘못 다루어 실수로 큰 부상을 입거나 목숨까지 잃은 이야기가 전해집니다. 한 연구자는 작은 컵에 담긴 플루오르화수소를 허벅지에 쏟는 사고를 당했답니다. 그는 즉시 물을 끼얹어 씻고 병원으로 달려

<사진 159> 화학실험실에서는 위험한 약품이 많이 있으므로 안전 규칙을 반드시 지켜야 합니다.

갔으나, 부식 상태가 너무 심해 다리를 잃어야 했습니다. 그럼에도 불구하고 플루오르화수소와 상처 입은 다리뼈의 칼슘 성분 사이에 화학반응이 일어나 15일 만에 결국 생명을 잃었답니다.

이렇게 무서운 플루오르화수소는 유리병에도 담지 못하고 특수한 플라스틱 병에 보관합니다. 이 물질은 화학공업에서 중요한 촉매제로 사용하고 있으며, 알루미늄과 우라늄을 정제할 때도 쓰고, 유리 표면을 부식할 때, 그리고 반도체를 만들 때도 이용됩니다. 화학자들은 세상에 알려지지 않은 이보다 더 강력한 산성물질도 알고 있다고 합니다.

질문 160.
인은 어떤 물질입니까?

인(燐)이라는 원소의 한자 이름에는 '불'이라는 의미가 들었고, 영어 이름(phosphorus)에는 '빛을 가졌다'는 의미가 담겼습니다. 인(P, 원자번호 15)은 화학반응이 아주 잘 일어나는 성질이 있기 때문에 자연계에 순수한 상태로는 존재하지 않습니다. 농작물을 재배하는 데는 질소, 인, 칼륨 세 가지 비료가 반드시 필요합니다. 그리고 모든 생물의 몸에서 일어나는 화학변화에서 인은 없어서는 안 되는 원소입니다. 어른의 경우, 모든 사람은 적어도 1kg의 인을 뼈와 이빨과 세포 전체에 가지고 있답니다.

인은 외부 조건에 따라 흰색, 붉은색, 검은색으로 변할 수 있는데, 흰색의 백인은 섭씨 30도만 되면 저절로 산소와 결합하여 희미한 빛을 내며 탑니다. 그러나 붉은 적인은 240도 이상 되어야 불타기 때문에 안전성냥(질문 33 참조)을 만들 때 사용합니다. 인은 여러 가지 화공약품과 폭약, 연막탄, 의약, 농약의 원료가 되며, 심지어 인간의 신경을 마비시키는 화학무기인 신경가스의 원료가 될 수도 있습니다.

질문 161.
마그네슘은 어떤 성질을 가진 금속입니까?

마그네슘(Mg, 원자 번호 12)은 지구상에 9번째로 많이 존재하는(지각의 2%) 원소이며, 가벼우면서 단단한 성질을 가진 은백색 금속입니다. 바닷물 속에는 이 원소가 소금의 성분인 나트륨과 염소 다음으로 많이 포함(염화마그네슘 상태로)되어 있기도 합니다.

마그네슘을 태우면 섭씨 2,200도까지 오르며 매우 높은 열과 흰색 빛을 냅니다. 그래서 과거에는 사진을 촬영할 때 플래시에 마그네슘을 넣은 전구를 사용하여 밝은 섬광을 얻었습니다.

마그네슘은 철, 알루미늄 다음으로 많이 사용되는 금속입니다. 마그네슘과 알루미늄을 합금한 것('마그넬륨'이라 부름)은 가볍고 단단하여 음료수 캔을 만들기도 하고, 우주선에서부터 비행기, 미사일, 자동차, 카메라, 컴퓨터, 휴대전화기 등의 몸체를 만드는데 사용됩니다.

마그네슘은 모든 생물의 세포에 꼭 필요한 원소입니다. 식물의 잎에 있는 엽록소 분자의 중심에는 마그네슘이 있습니다. 또 이것은 인체나 동물의 세포에서 효소가 정상으로 작용하도록 합니다.

질문 162.

태양전지는 햇빛을 받으면 어떻게 전류를 생산하나요?

자동문 앞에 이르면 저절로 문이 열립니다. 집안의 현관이나 복도에 나서면 꺼져 있던 전등이 확 켜집니다. 디지털 카메라는 피사체의 밝기를 자동으로 감지하여 노출에 적정한 셔터 속도를 정하여 사진을 찍습니다. 적외선 방범 시설을 한 곳으로 누군가 지나가면, 자동으로 사람이 침입한 것을 알고 감시카메라가 작동하는 동시에 경보가 나갑니다. 거리의 가로등은 해가 지면 저절로 불이 켜지고 아침 해가 돋으면 자동으로 꺼집니다. 우주선에 설치된 널따란 태양전지판은 우주선에서 사용하는 전력을 전량 생산합니다. 적외선 화재경보기를 설치한 곳에 연기가 차면 자동으로 화재경보가 나갑니다. 이러한 일이 가능하게 된 것은 모두 광전지를 발명한 화학자들의 연구 결과입니다.

1873년 윌로비 스미드라는 화학자는 셀렌(Se, 원자 번호 34)이라는 금속에 빛을 비추면 전기가 흐른다는 사실을 우연히 발견했습니다. 이것은 태양 에너지가 셀렌의 전자와 충돌함에 따라 셀렌의 전자가 튀어나와 이동하게 된 때문이었습니다. 그러나 그가 이 사실을 처음 발견했을 당시에는 생기는 전류가 미약했기 때문에 세상의 주목을 받지 않았습니다.

빛은 파의 성질과 입자의 성질 두 가지를 모두 가졌습니다. 어떤 금속에 광자(빛)가 비치면 그 금속의 원자로부터 전자가 튀어나옵니다. 빛에 의해 전자가 방출되는 이런 현상을 '광전효과'라고 하며, 이때 나오는 전자를 '광전자'라 합니다. 그리고 광전자가 흐르는 전류를 '광전류'라고 한답니다. 이런 광전류는 비치는 빛이 강할수록 비례하여 많이 흐릅니다.

과학자들은 마침내 빛을 받은 셀렌에서 나오는 광전류를 이용하여 '전자 눈'(일렉트릭 아이)을 만들었습니다. 전자 눈은 사람이 앞에 오면 저절로 문이 열리는 자동문을 만드는 데 이용되었습니다. 전자 눈의 원리는 단순합니다. 문 한쪽에 전자 눈을 설치하고, 반대쪽에서 전자 눈에 빛(눈에 보이지 않는 적외선)을 보내는 장치를 합니다. 전자 눈에 빛이 비치고 있는 동안에는 자동문은 닫혀 있습니다. 그러나 누군가 접근하여 빛을 차단하면, 전자 눈에 흐르던 전류가 사라지고, 이것이 신호가 되어 문이 열리는 것입니다.

1950년대에 과학자들은 트랜지스터와 같은 반도체에 큰 관심을 갖게 되었습니다. 반도체 성질을 가진 물질 중에 가장 유명한 것이 규소(실리콘)입니다. 1954년 미국의 벨전화연구소의 과학자들은 실리콘의 성질을 연구하던 중, 실리콘에 빛을 비추면 셀렌처럼 광전류가 흐른다는 사실을 발견했습니다. 더군다나 실리콘에서 나오는 전류는 셀렌보다 5배나 강했습니다.

이때부터 실리콘에 빛을 쪼여 전류를 생산하는 연구가 급진전되었으며, 빛을 받으면 전류를 생산하는 '광전지'를 만들게 되었습니다. 성능이 좋은 광전지를 제조하려면 순수한 실리콘을 재료로 사용해야 합니다. 이윽고 과학자들은 태양빛을 받아 전류를 생산하는 대규모 광전지(태양전지)를 만들게 되었으며, 여러 개의 태양전지를 넓게 펼치고 많은 전력을 생산하는 태양발전소도 만들게 되었습니다.

초기의 태양전지는 매우 고가여서 우주선 등에만 이용되었습니다. 우주선에 설치된 태양전지판은 가볍기도 하고, 24시간 계속 태양빛을 받을 수 있으므로 필요한 전력을 충분히 생산할 수 있습니다. 오늘날에는 광전류가 흐르는 물질로 실리콘과 셀렌 외에 성능이 더 좋은 갈륨비소, 황화카드뮴과 같은 물질도 이용되고 있습니다.

과학자들은 우주 공간 넓은 곳에 거대한 태양전지판을 펼친 태양발전소를 여럿 설치하는 방법을 연구합니다. 우주공간은 지구 표면과 달리 바람이 불거나, 기상이 악화되거나, 먼지가 날리지도 않고, 면적의 제한을 받지 않고 더 강한 태양빛을 받을 수 있습니다. 우주공간에서 생산한 태양발전소의 전력은 접시형 안테나를 사용하여 송전선 없이 지구로 보낼 수 있습니다. 우주의 태양발전소는 한 번 설치하기만 하면 공해 없는 전력을 쉬지 않고 송전해줄 것입니다. 모두 화학자들이 꿈꾸는 미래의 한 세계입니다.

<사진 162> 표면에 태양전지판을 가득 설치한 이 자동차는 한 사람을 태우고 태양전지의 힘으로 굴러갑니다.

찾아보기